病毒高通量测序与生物信息学技术

主 编◎陈 恒 赵 翔 崔仑标
副主编◎梁 娴 潘 明 叶 盛 聂 凯 张学俊
编 委◎赵康辰 冯玉亮 葛以跃 文海燕 程 悦
　　　　鹿 茸 赵欣然 张 磊 孟建彤

四川大学出版社
SICHUAN UNIVERSITY PRESS

图书在版编目（CIP）数据

病毒高通量测序与生物信息学技术 / 陈恒，赵翔，崔仑标主编． 一 成都 ：四川大学出版社，2023.8

ISBN 978-7-5690-6273-1

Ⅰ．①病… Ⅱ．①陈… ②赵… ③崔… Ⅲ．①病毒一序列－研究 Ⅳ．① Q939.4

中国国家版本馆CIP 数据核字（2023）第 148920 号

书　　名：病毒高通量测序与生物信息学技术
　　　　　Bingdu Gaotongliang Cexu yu Shengwu Xinxixue Jishu
主　　编：陈　恒　赵　翔　崔仑标

选题策划：龚娇梅
责任编辑：龚娇梅
责任校对：倪德君
装帧设计：墨创文化
责任印制：王　炜

出版发行：四川大学出版社有限责任公司
　　　　　地址：成都市一环路南一段 24 号（610065）
　　　　　电话：（028）85408311（发行部）、85400276（总编室）
　　　　　电子邮箱：scupress@vip.163.com
　　　　　网址：https://press.scu.edu.cn
印前制作：四川胜翔数码印务设计有限公司
印刷装订：成都市新都华兴印务有限公司

成品尺寸：170 mm×240 mm
印　　张：10.25
字　　数：184 千字

版　　次：2023 年 10 月　第 1 版
印　　次：2023 年 10 月　第 1 次印刷
定　　价：68.00 元

本社图书如有印装质量问题，请联系发行部调换

扫码获取数字资源

四川大学出版社
微信公众号

前　言

　　1977 年，Sanger 测序为人类打开了生命另一个维度的大门，自此生命成为更清晰、更本质的符号。基因测序技术成为解开"遗传密码"的钥匙，开启生命研究新的历史纪元。近年来，基因测序技术日新月异，在生命科学领域大放异彩，成为当前生物研究中非常热门的技术手段。测序技术历经近半个世纪的发展，一代、二代、三代测序都有了长足的进步，基因测序正日益成为成本亲民、技术可及的一种技术手段，为推动生命科学进步发挥着越来越重要的作用。在所有测序技术中，二代测序技术（next generation sequencing，NGS），也称作高通量测序技术（high throughput sequencing，HTS），兼具通量、准确性与速度方面的优势，有着更广阔的应用空间。

　　与常规分子生物学技术相比，高通量测序技术的步骤相对复杂，对精细度的要求也更高，数据分析比较依赖生物信息学方法，对专业人员的技术和能力提出了更高的要求。为应对生命科学研究的深入、精准医疗与精准防控的挑战，各实验室建立自己的基因测序平台迫在眉睫。

　　作者团队是一群高通量测序平台建设的实践者，来自疾病预防控制中心、高等院校、海关及研究所。我们团队的共同点是在摸索高通量测序技术中经历颇多，在跌跌撞撞后日益稳定，在迷茫无措后找到方向，在手忙脚乱后驾轻就熟。后来，团队想做一些尝试，将这些过程和经验进行分享，给更多对高通量测序技术感兴趣或者即将从事相关工作的同仁同道一些参考，共同学习，一起成长。

　　在本书中，我们试图用庖丁解牛的方式，解构测序中最重要的部分。我们希望做成一本面向从业人员的入门书：既有理论概要，全面展示基因测序的原理与技术要点，入门参考内容亲切友好，又具备实际的操作指南，对技术细节有充分的讲解与探讨，条分缕析，可照单抓药。即：

> 展示测序的发展——洞若观火的未来；
>
> 剖析测序的原理——随机应变的底气；
>
> 展示测序的种类——量体裁衣的选择；
>
> 缕析测序的流程——有条不紊的实操；
>
> 概述生物信息学——化繁为简；
>
> 搜罗生信数据库——授人以渔；
>
> 简介生信工具包——事半功倍。

感谢中国疾病预防控制中心赵翔副研究员、聂凯副研究员，感谢江苏省疾病预防控制中心崔仑标研究员、葛以跃研究员、赵康辰主管技师，感谢成都市疾病预防控制中心梁娴主任医师，感谢四川省疾病预防控制中心潘明研究员、冯玉亮助理研究员，感谢重庆市疾病预防控制中心叶盛主任技师、重庆国际旅行卫生保健中心文海燕副主任技师，感谢中国输血研究所张学俊副主任技师。这些专家在过去三年奋战在抗疫一线的同时，拨冗参与本书的撰写，对这朴素的分享愿望给予了最大限度的支持。感谢康奈尔大学（Cornell University）的赵欣然同学和西南医科大学张磊同学在数据资料收集中做的大量工作，感谢成都市疾病预防控制中心鹿茸主任医师、孟建彤主任技师、程悦主管技师在组稿过程中的辛勤付出。感谢各厂家提供的资料、图片及支持。感谢责任编辑龚娇梅女士的出色工作。有赖大家的全力支持与通力合作，这本总结高通量测序技术的参考书得以出版。

囿于专业的局限、水平的有限及成稿的仓促，本书存在一些不足之处，诚恳希望得到各位专家同仁的批评指正，待再版时予以修订。

陈　恒

2023 年 5 月于成都

目　　录

第一章　高通量测序技术的发展与应用

1953 年 Watson 和 Crick 提出 DNA 双螺旋结构，之后 Sanger 测序出现，直到人类基因组计划完成，人类才真正地开始了解自己，生物学研究也逐渐深入分子水平。其中，DNA 测序方法的进步对人类分子生物学领域的研究发挥了至关重要的作用。随着各个学科之间的联系越来越紧密，多学科交叉对测序技术的发展也起到了重要的推动作用。测序技术正向低成本、高通量及多应用发展。图 1-1 展示了基因测序技术发展历程中的里程碑事件，而更多技术的进步也必将带领测序领域长足的发展。

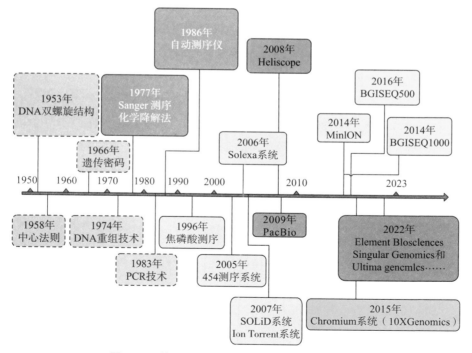

图 1-1　基因测序技术发展历程中的里程碑事件

第一节 测序技术概述

Frederick Sanger 于 1977 年发明了双脱氧链终止法基因测序技术，这是科学史上出现的第一种基因测序技术；同时期的另一种基因测序技术是 Walter Gilbert 发明的化学降解法。这两种测序技术均被视作一代测序标志性技术，其中双脱氧链终止法因操作更简便、稳定而被广泛应用。

一、一代测序技术

传统的双脱氧链终止法、化学降解法，以及在它们的基础上发展而来的各种 DNA 测序技术统称为一代 DNA 测序技术。

（一） 双脱氧链终止法

双脱氧链终止法，又称 Sanger 测序，是利用 DNA 聚合酶和双脱氧链终止测定 DNA 核苷酸序列的方法，是英国剑桥分子生物学实验室的生物化学家 Frederick Sanger 于 1977 年发明的。

基本原理：Sanger 测序利用一种 DNA 聚合酶来延伸结合在待定序列模板上的引物，直到掺入一种链终止脱氧核苷酸。每一次序列测定由一套 4 个单独的反应构成，每个反应含有所有 4 种脱氧核苷酸三磷酸（dNTP），并混入一种限量的双脱氧核苷三磷酸（ddNTP），dNTP 和 ddNTP 分子结构式如图 1－2 所示。

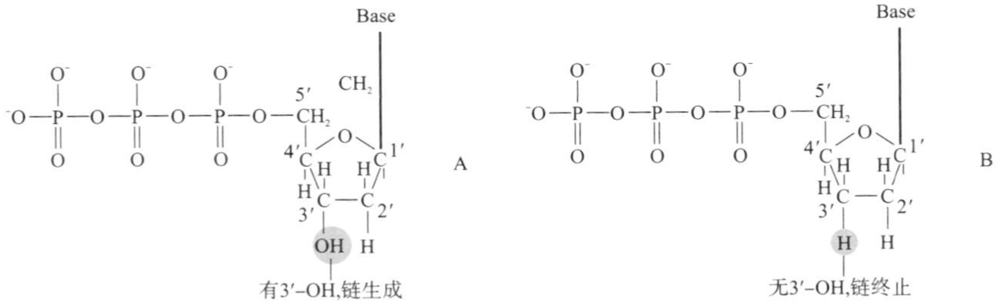

图 1－2 dNTPs 和 ddNTPs 分子结构式

A. dNTPs 分子结构式；B. ddNTPs 分子结构式

当 ddNTP 位于 DNA 双链的延伸末端时，无羟基 3′端不能与其他脱氧核苷酸形成 3′,5′－磷酸二酯键，因此 DNA 双链合成终止；若在终止位点掺入双脱氧三磷酸腺苷（ddATP），则新生链末端为腺嘌呤（A），若掺入 ddTTP、ddCTP、ddGTP，相应地新生链末端则是胸腺嘧啶（T）、胞嘧啶（C）或鸟嘌呤（G）。Sanger 测序原理见图 1－3。

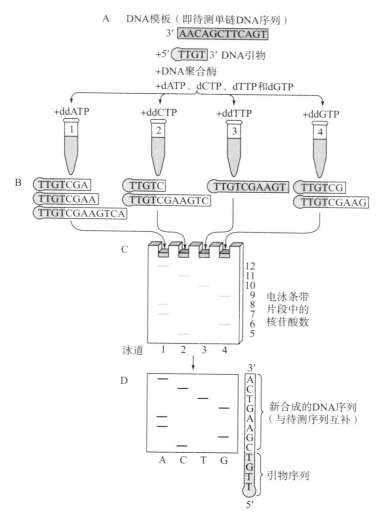

图 1－3　Sanger 测序原理

具体操作：将模板、引物、4 种 dNTP 及含有一种放射性同位素标记的 ddNTP 与 DNA 聚合酶共同反应，形成的混合物包含许多长短不一的片段，最后利用聚丙烯酰胺变性凝胶电泳（SDS－PAGE）分离该混合物，得到放射性同位素自显影条带图谱，依据凝胶电泳图即可读出 DNA 的碱基序列。

（二）化学降解法

化学降解法测定 DNA 序列的原理是用硫酸二甲酯（DMS）、甲酸、肼等化学试剂对 DNA 碱基进行修饰，同时采用六氢吡环作为 DNA 主链断裂试剂，使 DNA 链在特定位置断裂。

具体操作：利用限制性内切酶将待测未知序列 DNA 进行切割，采用^{32}P 对切割后的 DNA 片段的 5′端磷酸基团进行放射性标记，再将 DNA 片段变性，制备单链，分别加入含 DMS、甲酸、肼、肼（高盐）的 4 个反应体系中。DNA 单链在 DMS 作用下在鸟嘌呤（G）处断裂，在甲酸作用下在嘌呤位点（A＋G）处断裂，在肼的作用下在嘧啶位点（C＋T）处断裂，在高盐浓度和肼作用下在胞嘧啶（C）处断裂，得到 G、A＋G、T＋C、C 特定碱基结尾的片段群，然后通过聚丙烯酰胺凝胶电泳进行片段分离，再经放射自显影，根据条带位置确定被标记的 DNA 断裂末端碱基种类，从而得出 DNA 的碱基序列。化学降解法原理见图 1－4。

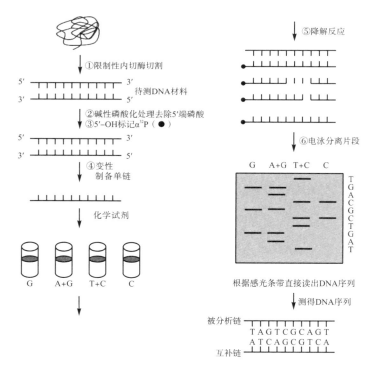

图 1－4　化学降解法原理

（三）一代测序仪

Sanger 测序法由于操作简单、快速、准确度高而得到了广泛应用。后来，荧光标记技术凭借更加安全简便的优势，逐步取代了同位素标记技术。由于荧光标记技术可以用不同荧光同时标记 4 种 ddNTP，从而能够在一个泳道内实现最终产物的电泳分离过程，测序效率也大大提高。一代测序仪的基本原理见图 1-5。

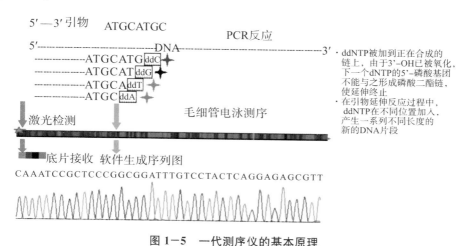

图 1-5 一代测序仪的基本原理

1986 年美国应用生物系统公司（Applied Biosystems，ABI，现已被 Thermo Fisher 收购）基于 Sanger 测序原理推出首台商用自动测序仪 ABI Prism 370A，采用平板凝胶作为电泳基质。1992 年加州大学伯克利分校 Mathies 等率先提出毛细管阵列电泳（capillary array electrophoresis，CAE），并以共聚焦荧光扫描作为检测装置。1996 年单道毛细管电泳测序仪 ABI Prism 310 问世，1998 年升级机型 ABI Prism 3700 毛细管测序仪将测序通量提高至 48，使测序趋于规模化，而 3730XL 通量更是提升至 96，进一步提高了测序效率。不同一代测序仪型号与通量（原 ABI 公司）见表 1-1。

表 1-1 不同一代测序仪型号与通量（原 ABI 公司）

仪器型号	SeqStudio	SeqStudio Flex 系列	3730 系列	3500 系列	3130	310
毛细管通道	4	8/24	48/96	8/24	4	1

二、二代测序技术

测序技术在生命科学研究中一直发挥着重要作用，也是基因组学研究的基础。以 Sanger 测序为代表的第一代测序技术帮助人们完成了从噬菌体基因组到人类基因组图谱等的大量测序工作，但由于其存在成本高、速度慢、通量低等不足，已经无法满足当前分子生物学、医学研究及临床诊断对于高通量、高效率、高产出的测序需求，难以成为后基因组时代最理想的测序方法。

随着科技的发展，高通量测序技术应运而生，并迅速掀起了你追我赶的技术比拼高潮。高通量测序技术是对传统测序技术一次革命性的改变，其最大的特点是极高的测序通量，不同的测序平台在一次反应中，可以产生上百 Gb 的序列信息，大大改变了 DNA 测序的面貌，是测序技术的重大突破。因此，高通量测序技术，即二代测序技术，又称为新一代测序技术（next generation sequencing，NGS），足见其划时代的重要性。

（一）二代测序平台的发展与更迭

二代测序相对于一代测序而言准确率略微降低，但通量和产出增加，可以同时对多个样本进行测序，单位时间内的数据产出量相比于一代测序实现了数量级的增长。当下，二代测序仪市场竞争激烈，各大公司均有自己的 NGS 平台，早期形成罗氏（Roche）454、Illumina Solexa 及 ABI SOLiD 三足鼎立的格局。近年来，随着国产仪器的发展与市场的竞争，Illumina、Thermo Fisher（收购 ABI）、BGI（华大基因）日益成为主流的测序平台。

2005 年，454 Life Science 公司推出第一台二代测序仪器 454 焦磷酸测序平台以来，各厂家陆续推出的二代测序技术平台包括 2006 年 Illumina 公司推出的 Solexa 测序平台，2007 年美国 ABI 公司推出的 SOLiD 测序平台和 2010 年美国 Life Technologies 公司推出的 Ion Torrent 半导体测序平台。以上平台各占据一定的市场份额。其中，454 Life Science 公司后来被 Roche 公司收购，但由于二代测序市场的竞争日趋激烈以及更新的测序方法出现，该测序方法被逐渐淘汰。2013 年 Roche 公司宣布关闭 454 测序业务。2008 年 Invitrogen 公司和美国 ABI 公司合并成立 Life Technologies 公司，开始发展半导体测序，占据部分测序市场，随之 SOLiD 测序也逐渐淡出市场。Illumina 公司于 2006 年开始进入二代测序市场，并在此后的 10 年时间内占据大部分测序市场。Illumina 公司自 2010 年开始陆续推出的 Hiseq 系列测序仪，更是迅速成为主流二代测序平台。华大基因于 2014 年推出首款二代测序仪 BGISEQ－1000，2015 年发布 BGISEQ－500，2016 年成立华大智造，推出 BGISEQ－50，此后陆续推出 MGISEQ、DNBSEQ 系列测序仪，在大规模 DNA 测序和小 RNA 分子测序中有较大优势，市场份额也有稳定增长。

每种测序平台都有自身特点，在数据产出量、测序读长、测序准确率及测序成本等方面各有不同的表现，用户可结合自身需求与实际情况选择。

（二）二代测序技术概述

1. 罗氏（Roche）454 测序技术

2005 年，454 Life Science 公司推出了 Genome Sequencer 20 System，这是世界上第一个基于焦磷酸测序原理的高通量测序系统，开启了边合成边测序（sequence by synthesis，SBS）的篇章，引领了高通量测序技术的发展。2006 年，该公司又推出了新的测序系统 GS FLX，并在 2008 年开发出了更加优异的测序试剂 GS FLX Titanium，这极大地提升了测序的片段长度、片段总产生量，并很好地保证其准确性。GS FLX 单次运行可以产生多达 100 万条的序列结果，单次运行时间 10 小时左右，能够产生 400～600Mb 的数据量。与其他新一代测序平台相比，454 平台的突出优势是测序片段长。目前 GS FLX 的序列读长一般在 400bp，升级后可达到 800bp，甚至 1kb，非常适合对未知基因组进行 De novo 测序。但是，454 平台也存在一些缺点，主要是对连续碱基序列测序结果误差较大，同时测序成本比其他平台要高很多，这成为限制其广泛应用、最终退出市场的一个关键因素。

2. Illumina Solexa 测序技术

Illumina Solexa 测序系统是当前世界上应用非常广泛的新一代测序系统，具有高准确性、高通量、高灵敏度和低运行成本等突出优势。近年推出的新型 NovaSeq X plus 测序系统，其测序读长达到 300bp，单次运行可产生 16Tb 的数据，是目前 Illumina 平台通量最高的测序系统。Solexa 的测序原理是利用单分子阵列采用"边合成边测序"的方法进行测序反应。与其他高通量测序平台相比，Solexa 测序是一个高度自动化的测序系统，测序通量大，精确性高，操作简单、快速，同时支持单个或配对末端，且所需样品少，整个测序过程自动化程度较高，能够在极短时间内获得数十亿高精确度的碱基序列信息，是目前实用性极强的新一代测序技术。Solexa 测序最大的缺点是读长短，这在大基因组或者高重复序列基因组的 *De novo* 测序拼接时会面临极大困难，但其 600 cycles 芯片即将问世，读长劣势有望得到改善。与此同时，该平台具有超大的数据生产能力，因此拥有较广的市场应用前景。

3. SOLiD 测序技术

SOLiD（supported oligo ligation detection）技术与其他高通量测序技术不同的是它没有采用传统的边合成边测序技术，其核心技术主要是四色荧光标记寡核苷酸的连续连接反应，将单一 DNA 片段大规模扩增后进行高通量测序。该技术能够明显减少由碱基错配导致的测序错误，获得更高的准确度。测序之前，DNA 模板通过乳化 PCR 扩增，与 Roche 454 测序技术基本相同，只是 SOLiD 所用微珠更小（1μm），3′ 端修饰的微珠可以沉淀在玻片上。连接测序所用的底物是 8 个碱基荧光探针混合物，根据序列的位置对样品 DNA 进行探针标记。DNA 连接酶优先连接和模板配对的探针，并引发该位点荧光信号的产生。目前，其最大测序读长可达到 75bp，单次最大可产生 300Gb 的数据，并且同时支持 Fragment、Pair－end 和 Mate－Paired 文库。该技术最大的特点表现为兼顾测序的通量和测序的准确性，因此被广泛应用于基因组测序、转录组测序等领域。

4. DNA 纳米球测序技术

DNA 纳米球（DNA nanoballs，DNB）测序技术为华大智造测序仪的核心技术，采用滚环扩增（rolling circle replication，RCA）让 DNA 扩增成线性的螺旋结构，线性扩增模式与其他平台不同，其基于同一模板的滚环复制，可避免传统 PCR 扩增中可能产生的碱基复制错误及放大，提高了测序的准确性；另外 DNB 测序技术可在溶液中完成，可增加待测 DNA 的拷贝数，增加信号强度。由于是在完成扩增后再转载到规则阵列（patterned array）中进行测序，不再引入聚合酶、引物、dNTP 等 PCR 扩增试剂，对避免产生大量重复序列有一定帮助。近期华大智造推出超高通量测序仪 DNBSEQ－T20×2，可以支持 6 张载片同时运行，生成数据最高可达 72Tb（另一款测序仪 DNBSEQ－T10×4RS 生成数据量最高可达 76.8Tb），每年可完成高达 5 万人的全基因组测序。

三、三代测序技术

目前，大部分二代测序技术都需要先进行 PCR 扩增，可能引入碱基错配和序列偏好性，使得一些 DNA 片段在扩增后发生相对频率和丰度的改变，从而影响测序结果的准确性，因此 DNA 单分子测序成为测序技术发展的方向。目前发展的三代测序（third-generation sequencing，TGS）的典型特点即为单分子检测。Helicos 公司的 HeliScope 是第一个商业化的单分子测序平台，但是其读长短，同时存在诸多技术限制，并未得到广泛应用。目前获得广泛认可的是 PacBio 公司开发的单分子实时（single molecule real-time，SMRT）测序技术和 ONT（Oxford nanopore technologies）公司开发的纳米孔单分子测序技术，以长读长为优势，实现了对碱基序列的实时读取，测序时间得以缩短。近年来，国产三代测序仪（如齐碳科技等）也逐步进入市场。随着技术进步，三代测序技术的准确性有进一步提高，结合其长读长的优势，其在生命科学研究中正发挥越来越重要的作用。

（一）单分子实时测序技术

PacBio 公司开发的 SMRT 测序技术是目前认可度较高的三代测序技术，该技术也应用了边合成边测序的策略，通过对模板链的复制获得序列信息。SMRT 测序技术能够实现超长读长的关键是 DNA 聚合酶，读长与酶的活性有关，而酶的活性受激光对其造成损伤的影响。较之二代测序，SMRT 测序速度更快，每秒约 10 个 dNTP，但是通量低，1 个 SMRT 芯片池上有 150000 个零模波导孔（zero model waveguide，ZWM），但是由于 DNA 聚合酶未能在 ZMW 内固定或超过一条 DNA 分子进入 ZMW，只有 35～70000 个 ZMW 可进行有效测序。SMRT 测序的另一个缺点是超长测序（continuous long reads，CLR）模式的错误率高达 11%～15%，但是不同于二代测序偏向性的错误，SMRT 测序错误是随机的，可以通过足够多的测序次数纠正，15 次 CLR 测序的准确率超过 99%。

PacBio Sequel Ⅱ 平台支持高精度长读（highly accurate long read，HiFi）和连续长读（continuous long read，CLR）两种测序模式。CLR 模式适用于超长片段文库（> 25kb），HiFi 模式基于滚环测序（circular consensus sequencing，CCS），适用于普通长度片段文库（< 25kb）。由于 CLR 总长度受DNA 聚合酶寿命的限制，测序次数与 CCS 长度呈负相关，即 CCS 越长，测

序次数越少，准确率越低，反之亦然。近年来 SMRT 测序在小型基因组从头测序和完整组装中已有良好应用，并将在表观遗传学、转录组学、大型基因组组装等领域发挥其优势，推动基因组学的发展。

（二）纳米孔单分子测序技术

三代测序技术的另一典型代表是 ONT 的纳米孔单分子测序技术（以下简称 ONT 测序），其为第二个商业化的三代测序平台。与其他技术不同，Nanopore 基于电信号而非光信号，该技术的关键是设计一种特殊纳米孔，在 DNA 分子通过纳米孔的过程中实现测序。样本加到流动槽（flowcell）上，当 DNA 分子通过纳米孔时，电荷发生变化，从而短暂影响通过纳米孔的电流强度，每种碱基引起的电流变化幅度不同，通过检测电流变化即可鉴定碱基。ONT 测序的读长很长，达到几十甚至上百 kb，超过 PacBio SMRT 测序的读长；测序通量高，起始 DNA 在测序过程中不被破坏；样本制备简单便捷；数据可实时读取，也可直接读取甲基化的胞嘧啶，理论上也可检测 RNA。ONT 测序技术单碱基错误率高，为随机错误，可通过提高测序深度进行优化。2014 年发布的 ONT MinION，实现了测序仪的便携化，配备 USB 接口，价格便宜，测序速度快，有望实现现场遗传信息的快速检测。近年来推出的 GridION、PromethION 等新型号仪器，可满足不同测序通量与应用场景。由于纳米孔测序技术的样本处理简单，无需 DNA 聚合酶或者连接酶，也无需 dNTPs，测序成本相对低廉，具有较大的应用潜力。

第二节　测序技术的发展

一、测序原理的探索：从 NGS 到 TGS

在过去的十年里，二代测序技术（NGS）逐步取代了传统的微阵列芯片技术，成为基因组变异检测、基因表达量测、表观遗传分析等领域的主要分析手段。NGS 具有高通量且读数错误率较低的特性，Illumina、Thermo Fisher 与 BGI 公司的测序平台颇具代表性。NGS 的主要缺点在于读长短，其产生的读数的长度通常为 30～300bp，因此难以解决基因组长重复区组装、转录组组装等基因组领域的基础问题。NGS 的另一局限在于其产生的数据在基因组上覆盖不均匀，覆盖度受 GC 含量、基因长度等影响较大。

近几年来，三代测序技术（TGS）快速发展，并在生物、医学、农业等领域得到越来越广泛的应用。目前两种主流测序技术为 Nanopore 公司基于测量单个 DNA 分子通过纳米孔时产生电流的技术与 PacBio 公司的边合成边测序的单分子实时测序技术。相比于二代测序技术，三代测序技术最大的特点是真正实现单分子测序，产生的读长长，且其测序数据的 GC 偏好性很低。TGS 读长的平均长度约为 10kb，最长可达 50kb，为解决基因组长重复区的组装提供了关键的数据基础。不可回避的是，三代测序的主要劣势在于读数的错误率高，大约在 15%，因此读长纠错成为三代测序数据分析的一个重要问题。另外，三代测序通量相对较低，均摊测序成本更高，在一定程度上限制了其推广应用。

二、生物样本：从大体积样本分析到单细胞测序

同一生物器官或组织中的细胞并非完全一样，而是存在异质性，具体表现为细胞类型不同，且处在不同的分化阶段或不同周期。此异质性直接影响着研究人员对所研究组织细胞的基因组、转录组与功能的认识。在传统测序研究中，待分析样本均属于大体积样本（bulk samples）。从细胞数量的角度，此类样本的本质在于其含有成千上万个细胞，因此测序结果反映的是样本中所有细胞的平均值，无法识别样本中不同细胞之间的异质性。近年发展起来的单细胞测序技术将单细胞分离技术与测序技术进行了整合，能够对单个细胞的基因组和转录组进行测序，从而实现了对细胞间异质性的分析，极大地提高了人们对生物组织认识的精准度。单细胞测序在肿瘤细胞发现、新型细胞类型发现及细胞周期和分化研究等领域中得到了广泛的应用。

三、基因：从单一整体到剪切异构体

在高等生物如人或小鼠中，利用可变剪切机制，单个基因能够产生多个甚至几十个具有不同结构和功能的剪切异构体（RNA isoforms），可编码的剪切异构体（isoforms）可进一步翻译产生蛋白异构体（protein isoforms）。然而，由于对这些复杂产物的分析存在挑战性，传统研究往往将由同一个基因产生的不同剪切异构体当作一个整体而不进行区分。以基因功能注释为例，在常用的

GO（Gene Ontology）和 KEGG（Kyoto Encyclopedia Genes and Genomes）通路数据中，功能注释仅仅处于基因水平，而尚未实现在剪切异构体水平对基因功能进行更精细准确的注释。随着二代及三代测序技术的应用，采用读数拼接、机器学习、多源异质基因组数据整合等方法，在剪切异构体水平对基因的结构、表达、功能及相互作用网络进行更高分辨率的研究正在成为新兴的研究方向。

四、组学研究问题与计算方法

生物信息学研究的组学数据包括基因组、转录组、蛋白组和代谢组等。本小节主要就组学领域基因组和转录组的主要问题及其相关算法进展进行阐述。

（一）基因组

在基因组领域，基因组组装与变异检测是两个主要的研究方向。基因组组装的基本步骤包括 contig 组装、scaffolding 与 gap filling 等。基于 NGS 数据，研究人员已开发多种基因组组装算法。由于 NGS 数据读长较短的局限性，长重复区的组装难度很大。TGS 产生的读长平均长度约为 10kb，最长可达 50kb，为解决基因组长重复区组装的问题提供了关键的数据。研究人员已开发出 FALCON 与 MECAT 等算法，用于基于 TGS 读数的基因组组装。在序列变异检测领域，主要研究问题是利用测序数据对单核苷酸多态性（SNP）、小插入删除（Indel）及其他复杂的结构变异进行检测。传统方法主要基于读数深度、断裂读数（split reads）、双端读数特征或者从头组装提出。谷歌最近采用深度学习算法开发了用于检测 SNP 和 Indel 的 DeepVariant 算法，是此领域的一个重要进展。利用 TGS 数据，研究人员已开始通过序列比对等方法对变异检测展开研究。需要指出的是，前述研究仅考虑基因组的线性序列，属于一维基因组范畴。近年来，人们进一步提出了三维基因组（3D genomics）研究，主要通过 Hi-C 等染色体构象测序数据，对染色体相互作用、拓扑相关域识别、染色体三维结构建模，以及对染色体三维结构与基因突变、功能、细胞表型之间的关联进行探索。

（二）转录组

TGS 产生的读数的平均长度约为 10kb，超过大部分转录本的长度，因此适用于转录组组装。例如，PacBio 公司针对转录组组装开发的 Iso 测序（Iso

－seq）分析流程，其产生的环状共识序列精度可达 98％以上，能够对包括可变剪接异构体在内的复杂基因转录产物进行准确检测。除已注释的转录本之外，Iso－seq 能够检测出大量新型转录本，该技术有望成为转录组研究领域的有力工具。由于二代转录组测序（RNA－seq）数据具有更低的错误率，为充分利用 NGS 和 TGS 数据的优势，对长短读数进行整合分析亦是转录组研究的一种重要方法。转录组组装的一个关键步骤是确定转录本的边界，人们将深度学习用于转录本边界的确定，取得了不错的结果。

在转录本功能方面，研究人员已开始从传统的基因水平功能预测转向具有更高分辨率的剪接异构体水平的功能预测。剪接异构体功能预测的难点在于剪接异构体水平的功能注释数据极其有限，因此常规的监督学习方法不能直接用于此问题的研究。目前相关研究主要采用多示例学习，对基因水平的功能注释和剪接异构体水平的表达、结构域等特征数据进行整合，从而实现对剪接异构体的功能预测。最新研究表明，深度学习与领域自适应（domain adaptation）适用于剪接异构体的功能预测。

单细胞转录组测序（scRNA－seq）的出现使得研究人员能够精确定量单个细胞的转录组状态，并开启了在单细胞分辨水平上分析生物组织复杂性的时代。单细胞转录组为发现新的细胞类型、追踪细胞在分化期间的命运转变和重建细胞系树提供了重要基础数据，而细胞亚型鉴定是这些应用的一个关键步骤，推动了单细胞聚类计算方法的发展。单细胞聚类的核心在于细胞相似性评价，许多研究表明，相比于在原始基因表达数据空间计算得到的细胞相似性，在距离空间或核空间对细胞进行分类往往具有更高的准确度。例如，SIMLR、RAFSIL、SC3 等表现优秀的细胞聚类方法均是在距离空间对细胞进行分类。另外，利用已有的功能基因集等先验知识，从功能的角度对细胞相似性进行评价，亦是一种有效方法。

第三节　高通量测序技术的应用

测序技术的出现，直观而深刻地揭露了核酸分子的深层信息，为人类进一步探索基因结构与功能提供了决定性的技术手段。如今的高通量测序技术已经历不同代次的更迭，技术和性能日趋成熟与稳定，在临床病原微生物鉴定、肿瘤检测、疾病诊断、遗传病检测等领域成为精准医疗高效的分析检测工具。通过对 DNA 或 RNA 序列的测定与分析，能够发掘更多与疾病、肿瘤、微生物相关的基因组学信息，迅速探明病因，对于疾病的快速诊断、精准治疗与预后预测都有十分重要的意义。

高通量测序在过去约 20 年中得到迅猛发展，也成功实现商业化，与之相关的基础应用、科学研究及临床应用随之大幅增加。随着"精准医疗"概念的提出，临床上对高通量测序的需求越来越多，病原微生物诊断、遗传病检测、肿瘤等疾病的精准诊断等对高通量测序技术的要求也越来越高。而在高通量测序技术出现之后发生的几次世界范围的传染病疫情中，高通量测序技术也逐渐扮演起重要角色。高通量测序技术作为精准医疗的重要基石，对临床医疗做出了极大贡献，其在临床相关的病原微生物检测、临床肿瘤学、16S rRNA 基因，以及内转录组间隔区（internal transcribed spacer，ITS）测序、遗传病检测、传染病监测及新型病毒的发现等方面具有显著优势。高通量测序技术的发展历程，不同平台的特点、测序原理的差异，以及其在不同领域的应用都受到较多关注。

测序技术蓬勃发展，在生命科学的多个领域发挥重要作用，有力地推动了生命科学的发展。其具体应用举例如下。

一、基础研究

测序技术的发展与进步，对于整个生物学的基础研究提供了极大的便利，尤其是二代测序的问世，在大大提高测序通量的同时降低了测序成本，使测序变得普及，在促进生物演化研究（生物鉴定、准种研究、进化变异等）的同时，也为多学科的"分子化研究"提供了可能，使基础研究深入分子水平，涉及方向如分子细胞学、分子免疫学、分子病毒学、分子流行病学等。

二、临床医疗

在临床医疗领域，基因测序可提供多方面的支持，使精准医疗与个性化医疗成为可能。

（1）生殖健康：测序技术尤其是高通量测序技术可用于染色体非整倍体无创产前筛查、胚胎植入前遗传学检测等，对减少出生缺陷、提高辅助生殖成功率等具有重要作用。

（2）罕见病诊断：世界上目前明确的 7000 多种罕见病中，80% 与基因缺陷有关，临床工作者对于罕见病的诊治缺乏相关经验，容易造成误诊漏诊。宏基因组 NGS 为罕见病的诊断提供了快速准确的手段，使罕见病的早诊早治成为可能。

（3）肿瘤治疗：通过基因测序预测肿瘤患病风险从而进行早期预防，是基因测序在个性化健康方面的有益尝试。通过基因测序可进行单基因遗传病的检测，高通量测序使诊断多基因遗传性肿瘤成为可能，而肿瘤基因突变检测对于指导肿瘤靶向治疗、监测耐药及判断预后具有重要意义。

三、疾病防控

（1）病原微生物鉴定：病因不明的传染病给公共卫生带来巨大挑战。基因测序可快速、精准地鉴定引起该类疾病的病原微生物，如通过基因测序确定 H7N9、MERS、SARS-CoV-2 等，为疾病防治提供重要参考。

（2）遗传与流行病学溯源：遗传信息越相似（同源性越高），说明亲缘关系越近。通过基因测序进行遗传溯源，有助于了解病原的起源进化，开展针对性研究与应对；对于个体感染病原微生物的基因测序，有助于进行流行病学溯源，追踪传染源，从源头进行传染病控制。

（3）变异追踪：生物的变异可能带来毒力、传播力的改变，也可能影响耐药性、免疫原性等，进而引发新的大流行。通过基因测序监测病原进化变异，有助于及时研判传播风险，制定针对性防控策略。

四、其他

此外，基因测序在法医鉴证（如亲子鉴定、证物鉴定等）、农作物育种、食品安全方面也有多元的应用及广阔的前景。

（赵翔　聂凯）

参考文献

[1] Sanger F，Nicklen S，Coulson A R. DNA sequencing with chain-terminating inhibitors [J]. Proceedings of the national academy of sciences，1977，74（12）：5463-5467.

[2] Sanger F，Coulson A R. A rapid method for determining sequences in

DNA by primed synthesis with DNA polymerase ［J］. Journal of molecular biology，1975，94（3）：441－448.

［3］ Maxam A M，Gilbert W. A new method for sequencing DNA ［J］. Proceedings of the National Academy of Sciences，1977，74（2）：560－564.

［4］ Goodwin S，McPherson J D，McCombie W R. Coming of age：ten years of next-generation sequencing technologies ［J］. Nature Reviews Genetics，2016，17（6）：333－351.

第二章　高通量测序原理

各高通量测序仪制造商使用的测序原理各不相同，而同一制造商发布的不同测序仪器使用的技术原理也有所差别。本章选取了具有代表性的制造商，如美国 Illumina、中国华大基因（MGI）、美国 Thermo Fisher 公司、英国 Oxford Nanopore Technologies（ONT）公司、美国 PacBio 公司、美国 GenapSys 公司的测序仪器，并对其测序原理进行介绍。

第一节　Illumina 测序原理

目前，Illumina 平台的主流机型包括针对小型全基因组测序和靶向测序的 iSeq100、Miniseq，其测序通量较低，操作便利，测序速度较快；针对微生物鉴定、溯源、宏基因组分析的 Miseq DX、NextSeq 550 DX，其测序通量适中，经过 IVD 认证，可用于临床样本的相关研究；针对全基因组测序、外显子测序、单细胞测序分析的 NextSeq 2000 及更高通量的 NoveSeq 系列。

一、核心技术

Illumina 测序以边合成边测序（sequencing by synthesis，SBS）作为核心原理。SBS 是指通过捕获新合成的末端荧光标记的核苷酸来确定 DNA 的序列。测序过程中使用可逆阻断技术，即在反应体系中加入 4 种 3′端连了一个叠氮基的 dNTP，能够阻断后面的碱基与它相连，使反应中每次只能添加一个 dNTP。未添加上的 dNTP 被洗脱清除，结合添加上的 dNTP，通过激发荧光，根据采集的荧光信号识别核苷酸种类。然后使用化学试剂淬灭荧光信号并除去

dNTP 3′端的保护，再次开启下一轮反应。每轮反应均拍照，根据每个点、每轮反应读取的荧光信号序列，转化成相应的 DNA 序列。Illumina 测序平台一般使用四通道 SBS 技术，测序仪使用红、蓝两种激光管，搭配两片滤光片。激光光源与滤光片组合，形成 4 种不同波长的激发光用于激发 DNA 分子中 4 种（A、T、C、G）荧光标记的 dNTPs，通过检测 4 种 dNTPs 不同的荧光信号，采集图像，识别 4 种核苷酸。

二、检测流程

（一）文库构建

通过超声或酶切等方法将 DNA 片段化为 150～600bp 的短片段，短 DNA 片段需将黏性末端修复成平末端再在尾部添加碱基 A，即产生末端修复的 5′－磷酸化和 3′－A 尾的双链 DNA 片段。随后经连接反应分别在片段两端添加接头序列（adapter），接头包含 P5 和 P7 序列、标签序列（barcode）及测序引物结合序列。P5 和 P7 序列可分别与流动槽（flowcell）上分布的寡核苷酸序列互补配对。标签序列（也称 index）用于区分不同 DNA 样本，与 P5 相连的是 index 2，与 P7 相连的是 index 1（图 2－1）。通过测序前确定的标签与样本 DNA 的关系可以获得不同样本 DNA 的测序数据，实现多个样本的同时检测。SBS 过程利用测序引物结合序列从而启动测序反应。必要时可进一步通过 PCR 进行文库扩增以达到上机测序所需的量，文库经纯化后进行定量。

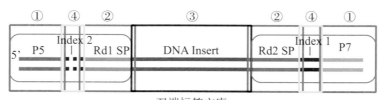

双端标签文库

①与流动槽结合的区域；②Read 1 和 Read 2 测序引物结合的区域；③插入片段；④标签序列区域（Index1、Index 2）

图 2－1　Illumina 测序原理示意图一（文库构建）

（二）成簇反应

1. 吸附

测序文库经变性成单链后加载到流动槽（flowcell）上，流动槽是测序反应的载体，是包含有 2 个或 8 个泳道（lane）的玻璃板，一个泳道包含两列，每一列有 60 个芯片（每一次测序荧光扫描的最小单位），每个芯片会生成不同的簇（cluster），每个芯片在一次循环中会拍照 4 次（每个碱基一次）。每个泳道随机布满了能够与文库两端接头分别互补配对的或一致的寡核苷酸，即与 P5 互补（即 P5′）或与 P7 一致（即 P7）的核苷酸序列。待测序列通过 P5 与流动槽上的 P5′序列杂交互补从而吸附在流动槽上。

2. 桥式聚合酶链反应扩增

待测 DNA 序列可以通过 P5 序列与流动槽上的 P5′序列杂交，以待测 DNA 序列为模板延伸互补链，互补链的两端为 P5′和 P7′。随后模板链被切断并洗脱下；互补链另一端的 P7′序列与流动芯片上的 P7 序列杂交互补并进行双链的合成，此过程就是桥式聚合酶链反应（PCR）。

3. 簇生成

接下来合成的双链被解链，再分别与流动槽上的其他接头杂交互补、延伸、解链、杂交互补、延伸、解链……如此重复，使每个待测 DNA 序列在各自位置上被克隆扩增，形成集束，得到一个具有完全相同序列的簇，达到信号放大的目的。

Illumina 测序原理示意图二（成簇反应）见图 2-2。

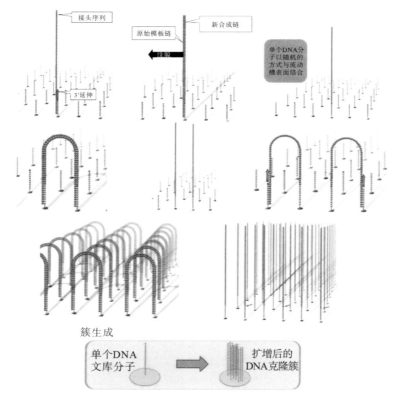

图 2-2　Illumina 测序原理示意图二（成簇反应）

（三）序列检测

1. 模板链测序

桥式 PCR 完成后，使用 NaOH 溶液将双链解链，并利用甲酰胺基嘧啶糖苷酶（Fpg）对 8-氧鸟嘌呤糖苷（8-oxo-G）的选择性切断作用，选择性地将 P5′相连的互补链切断洗去，同时游离的 3′端被阻断，防止不必要的 DNA 延伸。留下与流动槽上 P7 连接的链，也就是模板链，随后 SBS 反应启动，将测序引物 1、DNA 聚合酶、带有特异性荧光标记并且 3′端具有化学保护的 dNTP 加入测序体系，测序引物 1 会结合到靠近 P5 的测序引结合位点 1 上，在聚合酶的作用下，与模板链相应位置碱基配对的 dNTP 就会结合到新合成的链上，由于 dNTP 化学修饰（3′末端连接了一个叠氮基）的存在，后面的 dNTP 无法继续连接。将剩余的 dNTP 和酶冲掉后，对 Flowcell 进行扫描，扫描出来的荧光信号对应的碱基的配对碱基即是模板链该位置的碱基。同时由于 Flowcell 上有成千上万个簇在进行同样的反应，因此一个循环就能同时检测大量信号。一个循环完成后，加入化学试剂把叠氮基和标记的荧光基团切掉，进行下一个循环（碱基的连接、检测与切除），如此重复，直至所有链的碱基序列被检测出。（图 2-3）

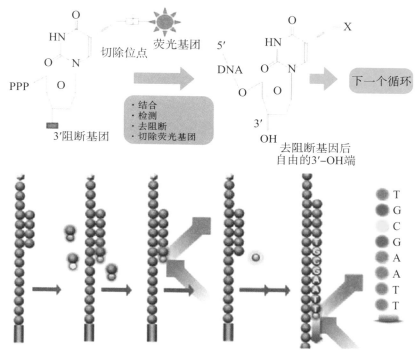

图 2-3　Illumina 测序原理示意图三（模板链测序）

2. Index 测序

所有循环结束后，测序产物被洗掉，index 1 引物与模板链上 index 1 引物结合位点杂交配对，进行 index 1 的合成及检测。Index 1 测序完成后，洗脱测序产物。模板链顶端的 P5 序列与 Flowcell 上的 P5′杂交配对，进行 index 2 测序。测序完成后再洗脱产物。至此可获得 index 1 和 index 2 的序列。

3. 互补链测序

洗脱 index 2 测序产物后，以 Flowcell 上的 P5′为引物、模板链为模板进行桥式 PCR 扩增，得到双链。加入 NaOH 溶液使双链变性为单链，并洗去已经测序完成的模板链。同样，测序引物 2 结合到靠近 P7′的测序引物 2 结合位点开始对互补链的测序。测序完成后即可得到互补链序列。

三、技术特点

（1）由于 Illumina 测序采用边合成边测序的方法，在反应体系中同时添加 DNA 聚合酶、接头引物和带有特异荧光标记的 4 种 dNTPs。这些荧光标记的 dNTPs 可逆合成终止，用激光激发荧光信号，并由光学设备完成荧光信号的记录，最后利用计算机分析将光学信号转化为碱基序列，较好地解决了同聚物测序准确性的问题（图 2−4）。

DNA簇

100 μm

照相读取序列

图 2−4 Illumina 测序原理示意图四

（2）在一个测序循环完成后，需要加入化学试剂把叠氮基和标记的荧光基团切掉，才能进行下一个循环。切割会造成 DNA "疤痕"，使桥式 PCR 扩增过程中易形成错误的累积，从而影响测序的准确性。

（3）测序过程中需注意碱基平衡问题。Flowcell 上完成簇生成后，一定面积内的不同分子簇、各个位置的碱基（A、T、G、C）分布需均匀，这样才可以较好地完成信号转换，否则对于碱基的判读就容易出现错误，从而导致测序质量大幅度下降。如果存在碱基不平衡问题，可通过掺入大量的平衡碱基文库如 Phix 文库实现碱基平衡，但这样会损失大量的有效测序数据。

（4）测序读长有限。尽管目前 Illumina 测序读长已经达到双端 300bp，测序读长双端 600bp 产品计划上市，但整体而言提高测序读长是比较困难的。一方面，维持长时间扩增测序的酶活性难度较大。另一方面，基于单次只测一个碱基的边合成边测序原理，要求各个分子簇必须同时进行反应，而在实际 PCR 过程中，各个分子簇的反应时间是不完全相同，存在有的分子簇内一些分子反应快、一些分子反应慢的情况，导致一个分子簇内的信号颜色不一样。越到测序后期，反应的同步性越受影响，其碱基判读也就越不准确。

（5）文库的长度范围不能过大，如果短片段和长片段一起测序，短片段的扩增效率一般都高于长片段，因此更容易测到序列，而长一些的片段不容易测到序列，导致数据产出有偏差。另外，如果文库片段过短，该短片段测序到后期，实际测的就是接头序列了，有时接头序列测完后就没有信号了（称为"测穿"），后续读取的是一些假信号，从而降低测序质量。

第二节　华大 MGI 测序原理

华大平台的主流机型包括用于靶向测序的 DNBSEQ－E25，其通量较小，操作简便，测序速度快；用于靶向测序、小基因组测序的 DNBSEQ－G99、MGISEQ－200，其通量适中；用于转录组、单细胞测序的 MGISEQ－2000 及更高通量的 DNBSEQ－T7；超高通量机型如 DNBSEQ－T10、DNBSEQ－T20 则在基因组研究中具有一定优势。

一、核心技术

华大 MGI 测序平台所使用的 DNBSEQ 技术以 DNA 纳米球（DNA nanoball，DNB）、多重置换扩增双末端测序法（multiple displacement amplification－pair end，MDA－PE）联合探针锚定聚合（combinatorial probe－anchor synthesis，cPAS）测序为核心，其使用一种表面经过特殊修饰的规则阵列载片，每个修饰位点仅固定一个 DNA 纳米球，阵列载片修饰位点的间距均一，可保证不同纳米球的光信号不会互相干扰，从而提高信号处理的准确性。华大测序平台搭载 4 色荧光检测通道，通过气液系统将 DNB 及测序试剂泵入测序载片，载片内的 DNB 可结合荧光基团，再由激光器激发荧光基团发光，不同荧光基团所发射的光信号被相机采集，经过处理后转换成数字信号，传输到计算机进行处理，从而获取待测样本的碱基序列。

二、检测流程

（一）文库制备

完成 DNA 提取后，使用超声破碎或者酶切等方法将 DNA 片段化为测序所需长度。片段化的 DNA 经末端修复并在 3′端加上 A 尾，然后在两端连接上文库接头，通过 PCR 扩增对文库进行富集（图 2-5）。

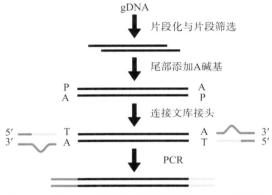

图 2-5 华大 MGI 测序原理示意图一（文库制备）

（二）DNB 的形成和装载

华大 MGI 测序平台使用滚环扩增（rolling circle amplification，RCA）技术，将经过片段化、加接头处理的单链环化 DNA（single strand circular DNA，sscirDNA）扩增到 100~1000 拷贝，扩增产物称为 DNB。DNB 经过简单的质量浓度质量控制后将其加载至规则阵列化硅芯片上，DNB 分子团进入规则阵列芯片后，由于 DNB 在酸性条件下带负电荷，在表面活化剂的辅助下，通过正负电荷的相互作用，会结合到芯片中有正电荷修饰的活化位点（DNB 结合位点）的小孔中，且当孔中含有一个 DNB 分子团时，会排斥与其他 DNB 结合，以此保证信号间相互独立，隔绝干扰，最终使得 DNB 在芯片上可以按照一定规则排列吸附（图 2-6）。

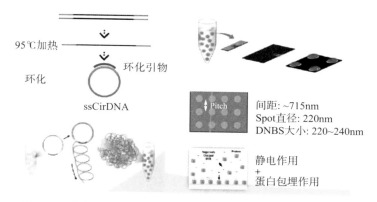

图 2-6 华大（MGI）测序原理示意图二（DNB 的形成和装载）

（三）联合探针锚定聚合测序

联合探针锚定聚合（combinatorial prober anchor synthesis，CPAS）即每轮测序先加入与 DNB 上接头匹配结合的 DNA 分子锚，然后加入大量用荧光标记碱基的探针，该荧光标记碱基探针的位置由需要测序的位置决定，比如要测第一个碱基，那么就只标记探针第一个碱基。在 DNA 聚合酶的催化下，DNA 分子锚和荧光探针于 DNB 上进行聚合（图 2-7）。洗去未结合的探针后通过高分辨成像系统采集荧光信号，数字化处理后得到序列信息。然后移除所有的结合探针和锚序列，开始下一轮测序。

图 2-7 华大 MGI 测序原理示意图三（cPAS 技术）

（四） CoolMPS 测序

华大最新推出的 MGI 2000 型号开始采用基于抗体的测序试剂，它不再使用标记荧光的 dNTPs，而是使用可逆终止核苷酸及能与天然碱基特异结合的 4 种荧光标记抗体。在 DNA 聚合酶的作用下，这些可逆终止核苷酸被聚合到测序链上，通过与其结合的荧光标记抗体实现碱基识别，洗脱抗体和 3'-阻断基团，得到原始无修饰的核苷酸，进入下一个循环，如此循环往复，完成对 DNA 的测序。

三、技术特点

（1）相较于 Illumina 测序平台使用的桥式 PCR，华大 MGI 测序平台基于 RCA 线性扩增技术，每次扩增均以原始 DNA 单链环为模板，使 DNB 所有拷贝的同一位置上出现相同错误的概率极低，避免了 PCR 扩增错误指数性积累的问题，从而大大提高了测序准确性。有研究表明，其在检测单核苷酸变异（single nucleotide variant，SNV）方面准确度更高。

（2）测序过程使用 MDA－PE 测序法，六碱基随机引物与模板 DNA 退火，通过链置换酶的作用，复制 DNA 模板链的同时剥离互补链，被剥离的互补链将作为新测序模板，然后杂交新的测序引物进行 cPAS 测序，利用 DNA 聚合酶的链置换特性，实现了 DNB 的双端测序，而且重新合成的互补链拷贝数更多，能够获得更强的荧光信号，以此降低单拷贝的出错率。

（3）基于纳米球测序技术的芯片上的活化位点与 DNB 纳米球的大小一致，使芯片活化位点只能结合一个 DNB。华大测序产出重复序列率（duplicate rate）较低，在 3％以下。

（4）独特的文库构建技术和单链环状文库滚环扩增技术使得标签跳跃（index hopping）发生概率远低于其他测序技术，仅采用单标签序列（barcode）就可将标签跳跃发生概率控制在 0.0004％以下。

（5）由于采用单链环化 DNA 文库，其制备过程中残留的没有环化的接头被消化掉，使得华大测序有着超低的接头污染率（adapter rate），一般情况下低于 0.5％。

（6）整个测序过程反应步骤较多，如上机测序前手工操作时间较长。但其最新研发的模块化数字系统利用微流控技术实现了对测序前各流程的精准操作和控制，并且全程高度自动化，极大地减少了实验人员的手工操作时间。

第三节 Ion Torrent 测序原理

Ion Torrent 测序平台的主流测序仪为 Ion GeneStudio S5，其通量适中，配合 Ion Chef system 文库制备系统，自动化程度较高。另外，Ion Torrent Genexus 集成测序仪为一站式高通量测序仪，可从样本开始完成整个测序流程，自动化程度极高。

一、核心技术

Ion Torrent 测序不是通过检测荧光标记信号辨别碱基，而是通过 DNA 合成时释放的酸性分子引起环境 pH 值变化来检测核苷酸序列，其使用的载体为一种含离子微球颗粒（ion sphere particles，ISP）小孔的半导体芯片，每个小孔内的微球可固定上百万个 DNA 分子，测序反应在微孔中完成。当测序开始时，分别使用含有 4 种 dNTPs 的试剂依照固定顺序流过芯片并与微球表面的核酸进行合成反应。在 DNA 链合成的过程中，每当一个脱氧核苷酸结合到 DNA 链上时会释放一个焦磷酸，一个焦磷酸分子会被酶再进一步分解成两个磷酸分子。这样，在测序的微环境中，就会多出两个酸性分子，此时该孔内的溶液 pH 值发生变化。微孔中的离子传感器检测到 pH 值变化后随即将化学信号转化为数字信号。若碱基无法匹配，则无酸性分子释放，不会导致 pH 值变化。在测序的序列安排上，序列最前端 4 个碱基分别为 A、C、T、G，即核心序列（key sequence）。因为每个测序微珠上结合 DNA 链数量的变化范围是很大的，可以用核心序列的四个碱基所测到的 pH 值变化的强度来确定微珠的信号强度基值。有了标准的信号强度之后，将后面测到的信号和这 4 个信号强度基值做对比。如果是 1 倍的强度，就只有 1 个碱基，如果有 2 倍的强度，就知道串联了相同的碱基，依此类推。

二、检测流程

（一）文库构建

样本 DNA 片段两端加上平端接头（P1）和 X 或 A 接头。其中 X 或 A 接头是后续测序的起始端，P1 接头则与测序微珠相连。X 接头带有标签序列，可实现在一张芯片上检测多个样本。在 Ion Torrent 测序中，常使用 AmpliSeq 文库，该文库通过多重 PCR 扩增 DNA，再加上接头建立文库。在建库过程中，PCR 引物上具有一种特别设计的化学修饰，可以通过切断该修饰将 PCR 扩增片段上大部分扩增引物序列切除（图 2−8）。

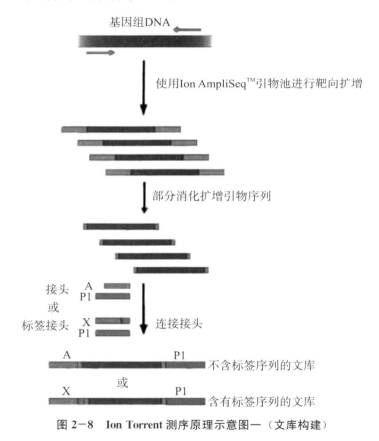

图 2−8　Ion Torrent 测序原理示意图一（文库构建）

（二）乳液 PCR

乳液 PCR（emulsion PCR）即油包水 PCR，其反应体系包含于水相中，油相起到分隔作用。水相中含有文库、酶、引物、Mastermix 和测序微珠，测序微珠是后续测序的核心载体，其表面共价连接大量 PCR 引物，引物序列与 P1 接头互补。水相中的游离 PCR 引物的 5′端用生物素标记。该引物序列与文库的 A 或 X 接头相同。油相中形成的油包水结构均可能含有 0 到多个文库和 0 到多个测序微珠。在油包水 PCR 反应中，文库分子和测序微珠是限制因素，引物、dNTPs 均需过量投入，当油包水结构中同时含有文库分子和测序微珠时，会发生 PCR 反应，缺少任意一样则不发生 PCR 反应。反应后，测序微珠表面会扩增出大量 PCR 产物。

（三）测序微珠富集

乳液 PCR 结束以后，将链霉亲和素化的磁珠与 PCR 反应微珠混合，通过生物素–链霉亲和素结合使发生 PCR 扩增的测序微珠和磁珠结合。经磁铁吸附即可将产生了 PCR 扩增的 DNA 测序微珠富集，同时将未与磁珠结合的测序微珠洗去，最后将磁珠富集的测序微珠洗脱下来加载于芯片，即可用于后续的测序。

（四）芯片测序

离子微球颗粒（ion sphere partial，ISP）加载芯片后，放入测序仪中，按照一定顺序掺入 dNTPs，在引物与 DNA 聚合酶的作用下，若 dNTPs 与模板结合，则发生 pH 值的改变，芯片下方的感应器可检测出该变化，通过信号处理和碱基算法分析识别相应的碱基，读取相关 DNA 序列（图 2-9）。

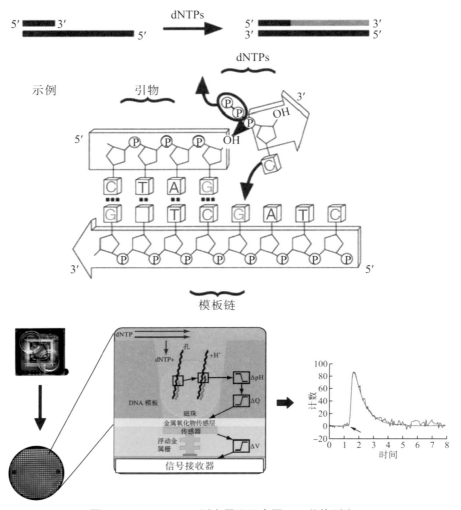

图 2-9　Ion Torrent 测序原理示意图二（芯片测序）

（引自：Rothberg J M，Hinz W，Rearisk T M. Anintegrated semicouductor device enabling non-optical genome sequencing ［J］. Nature，2011，475：348-352.）

三、技术特点

（1）测序通过检测 pH 值变化进行信号判定，无需光学检测和扫描系统，并且使用天然核苷酸和 DNA 聚合酶，无需焦磷酸酶化学级联，无需标记荧光染料和化学发光的配套试剂，测序成本相对较低。

（2）由于摒弃了测序过程中常用的酶促生化反应，利用半导体芯片进行基因测序，相比常规高通量测序，该测序方法耗时短，标准的测序时间仅为 2～3 小时。

（3）Ion Torrent 的建库接头是平头的，这和 Illumina 测序建库接头的黏性末端不同。

（4）Ion Torrent 测序平台存在连续多个同聚物（homopolymer）测序准确性问题，就是在检测一连串相同的碱基时，难以判定有几个碱基。比如测序"TTTTTT"，测序仪会检测到一个强的"T"信号，但是很难判断信号是 5 个 T，还是 6 个 T 或者 7 个 T 发出的，可能会出现判断错误。

第四节　ONT 测序原理

目前，ONT 公司的纳米孔（Nanopore）测序平台的主流机型包括：便携式掌上测序仪 MinION，其体积小，便于携带，检测通量较低，测序速度极快；中通量测序仪 GridION，可同时搭载 5 张芯片，提高了检测通量；以及用于大规模测序的 PromethION。

一、核心技术

Nanopore 测序平台将人工合成的一种多聚合物膜浸泡在离子溶液中，多聚合物膜上布满了经改造的穿膜孔跨膜通道蛋白（Reader 蛋白），即纳米孔，在膜两侧施加不同的电压产生电压差，Nanopore 文库构建时，需要在接头上连接一种动力蛋白，用于将 DNA 或 RNA 分子推入纳米孔中。另外，接头上还有一段序列与锚定蛋白（Tether 蛋白）结合，用于锚定 DNA 或 RNA 链，防止其在溶液中漂动，使其顺利进入纳米孔中。当单链 DNA 或 RNA 分子在动力蛋白（Motor 蛋白）的牵引下通过纳米孔时，孔内电阻产生改变，由于碱基形状、大小的差别，会形成特征性离子电流，当纳米孔两端电压恒定时，可检测到孔内电流的变化情况，通过检测这种特征性电流，可以识别出通过纳米孔的碱基排列顺序。

二、检测流程

（一）文库构建

Nanopore 测序平台有两种文库，分别为 1D 文库及 1D² 文库。1D 文库是将 DNA 双链解链为正义链与反义链，分别测序。1D 标准文库的构建是先将片段化的 DNA 末端补齐并加上 A 碱基，然后连接接头序列，接头上连有 Motor 蛋白，接头上还有一段序列与 Tether 蛋白结合。1D 文库也可通过转座酶构建，使用连有测序接头序列的转座酶可在将长链 DNA 链切断的同时在 DNA 的断点两端加接头序列，然后加上 Motor 蛋白和 Tether 蛋白。1D² 文库构建与 1D 文库相似，但使用的是 1D² 接头，可以使第二链紧跟着第一链测序，由于可以一次性测到两条链，两条链序列相互矫正，较 1D 文库提高了判读准确率。

（二）纳米孔测序

将制备好的文库溶液滴在芯片小孔中，便可以开始测序了。一张芯片中有 2048 个纳米孔，每个孔包含一个 Reader 蛋白。每 4 个纳米孔共享一个信号放大器，因而一张芯片中有 512 个信号放大器，也就是 512 组纳米孔。在启动测序仪后，机器自检，会将每组纳米孔依据效率高低排序。测序开始后，仪器先用每组纳米孔中效率最高的孔，运行 8 小时后，更换效率第二的纳米孔，依此类推。当解开的一条 DNA 链穿过 Reader 蛋白时，会对膜两边离子流动的稳定性产生扰动。不同的碱基，对离子流的影响不同，也就会产生不同的电流信号，利用这些电流信号，进而形成不同电流信号图，使用计算机软件识别后，推断出碱基类型，从而完成测序（图 2-10）。

图 2-10　ONT 测序原理示意图

三、技术特点

（1）测序读长长，测序读长可达到 Mb 水平。

（2）可实时测序，配合高速服务器可实时将电信号转化为序列信息，测序速度快，可在获取足够的数据后随时停止测序。

（3）测序芯片可清洗再生，重复使用，降低了测序成本。

（4）可直接用于原始 DNA、RNA 甚至蛋白分子的测序，还可对核酸修饰如甲基化进行检测。

（5）纳米孔测序仪器小巧，重量轻，可以随身携带，实现现场即时测序。

（6）目前纳米孔测序单读序的准确性还不够高，一个主要原因在于对同聚物的检测不够准确，但随着测序试剂及芯片的不断升级，测序质量将得到大幅提升，一致性序列的准确性基本与 Illumina 测序相当。

第五节　PacBio 单分子实时测序原理

PacBio 单分子实时（single molecule real－time，SMRT）测序采用四色荧光标记的 dNTPs 和零模波导（zero－mode waveguide，ZWM）纳米结构，以 SBS 方法为基础实现对单个 DNA 分子的实时测序。ZMW 是一种直径为 50~100nm、深度为 100nm 的孔状纳米光电结构。当光线进入 ZMW 后会呈指数级衰减，使孔内只有靠近基质的部分被点亮。DNA 聚合酶被固定在 ZMW 的底部，当 DNA 进行合成时，连接上的 dNTPs 由于在 ZMW 底部停留时间较长，且 ZMW 外径比检测激光波长小，激光从底部打上去后无法穿透小孔进入上方溶液区，此时能量被限制的范围刚好覆盖要检测的部分，因此只有在这个小反应区可以检测到信号。在 dNTPs 磷酸基团上连接荧光基团，当下一个碱基延伸时，上一个碱基的荧光基团被切除，在保证检测连续性的同时提高了检测速度（图 2－11）。

PacBio 单分子实时测序读长较长，可达到 10kb 以上，可以减少拼接成本，节省计算时间和内存，可以用有限的覆盖度完成基因组组装。另外，DNA 建库过程不存在 PCR 扩增的情况，不会引入由 PCR 扩增引起的 GC 偏好问题。PacBio 单分子实时测序也可对甲基化修饰碱基进行直接测序。

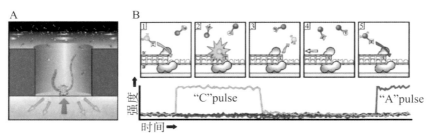

图2-11　PacBio单分子实时测序原理示意图

第六节　GenapSys 测序原理

　　GenapSys 测序在原理上与 Ion Torrent 测序有相似之处，都使用半导体芯片，但 GenapSys 测序并未使用乳液 PCR 技术。GenapSys 测序使用碱基信号采集单元制备芯片，该芯片平面上有阵列式磁场，以特定的速度将磁珠加载到该芯片上，则芯片上每一个磁条上都会吸附一个磁珠，并在每一个磁场周围施加一个电场，其周围会形成一个虚拟空间，然后将测序文库和用于扩增的体系以特定的速度加载到芯片上，由于每个磁珠周围有电场的存在，加入的体系会被吸到每个磁珠周围用于扩增反应。扩增充分的磁珠经过纯化筛选出来后加载到测序芯片上，测序芯片与碱基信号采集单元制备芯片拥有同样的结构，即阵列式磁场和电场，可形成虚拟孔。磁珠跟下方的检测传感器是一一对应的，通过检测传感器收集特定信号。在碱基序列读取方式上，GenapSys 和 Ion Torrent 相似，都属于基于 SBS 原理的单碱基添加（single nucleotide addtional，SNA）技术，每次聚合反应仅加入一种不加特定修饰的 dNTPs，Ion Torrent 检测的是聚合反应过程中产生的氢离子，而 GenapSys 的纳米传感器则是检测因聚合反应导致虚拟孔微环境中离子量变化进而引起的环境阻抗变化，GenapSys 这种阻抗的变化不同于 Ion Torrent 检测的氢离子的瞬时信号，而是一种稳态信号。

　　GenapSys 测序仪为半导体测序仪，其特点在于不需要复杂的光学系统和机械移动平台，采用高度集成化的半导体测序芯片加微流控技术即可完成碱基序列的读取工作。但由于其半导体芯片制作成本较高，产生数据相对较少，因此其主要的应用方向为靶向重测序、小基因组测序和同原理超大通量测序仪器上机前文库质量控制。

GenapSys 测序原理见图 2-12。

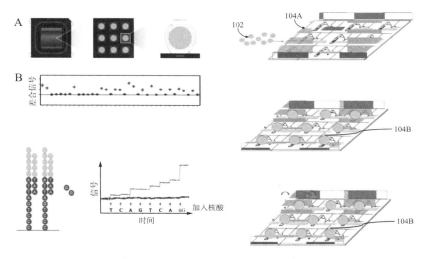

图 2-12 GenapSys 测序原理示意图

（崔仑标　葛以跃　赵康辰）

参考文献

［1］李金明. 高通量测序技术［M］. 北京：科学出版社，2018.

［2］Goodwin S，McPherson J D，McCombie W R. Coming of age：ten years of next-generation sequencing technologies［J］. Nat Rev Genet，2016，17（6）：333-351.

［3］Esfandyarpour H，Oldham M F，Nordman E S，et al. Systems and methods for automated reusable parallel biological reactions：US Patent No. 9187783B2［P］. USPTO，2015.

［4］Esfandyarpour H，Oldham M. Methods and systems for electronic sequencing：US Patent No. 8969002B2［P］. USPTO，2015.

［5］Reuter J A，Spacek D V，Snyder M P. High-throughput sequencing technologies［J］. Mol Cell，2015，58：586-590.

［6］Feng Y，Zhang Y，Ying C，et al. Nanopore-based fourth-generation DNA sequencing technology［J］. Genomics Proteomics Bioinformatics，2015，13（1）：4-16.

［7］ Hui P. Next generation sequencing：chemistry，technology and applications ［J］. Top Curr Chem，2014，336：1−18.

［8］ Lam H Y，Clark M J，Chen R，et al. Performance comparison of whole-genome sequencing platforms ［J］. Nat Biotechnol，2011，30（1）：78−82.

［9］ Masoudi-nejad A，Nature Z，Hosseinkhan N. Next generation sequencing and sequence assembly methodologies and algorithms ［M］. New York：Springer，2013.

［10］ Rothberg J M，Hinz W，Rearick T M，et al. An integrated semiconductor device enabling non-optical genome sequencing ［J］. Nature，2011，475（7356）：348−352.

［11］ Kircher M，Kelso J. High-throughput DNA sequencing—concepts and limitations ［J］. Bioessays，2010，32（6）：524−536.

［12］ Munroe D J，Harris T J. Third-generation sequencing fireworks at Marco Island ［J］. Nat Biotechnol，2010，28（5）：426−428.

［13］ Korlach J，Marks P J，Cicero R L，et al. Selective aluminum passivation for targeted immobilization of single DNA polymerase molecules in zero-mode waveguide nanostructures ［J］. Proc Natl Acad Sci USA，2008，105（4）：1176−1181.

第三章　高通量测序实验

测序技术从以 Sanger 测序为代表的一代测序，经二代高通量测序已发展到三代单分子测序，但二代高通量测序技术仍是当前基因组测序中最主要的分析技术。按照测序的对象和目的，二代测序可分为 DNA 测序、RNA 测序、DNA 甲基化测序、宏基因组测序等。本章节着重对各种测序的原理、步骤进行介绍。

第一节　DNA 测序

一、概述

按照测序策略，DNA 测序分为 *De novo* 测序和重测序，主要区别在于是否有测序的参考序列，具体如下。

（一）*De novo* 测序

De novo 为拉丁文，意为"从头开始"，*De novo* 测序是指在不需要任何参考序列的情况下对某一物种进行基因组测序，然后通过生物学信息分析将测得的序列进行从头拼接、组装，从而绘制该物种的全基因组序列图谱。目前，*De novo* 测序可用于测定未知或没有近缘物种基因组信息的某物种的基因组序列，绘制出基因组图谱，从而达到破译物种遗传信息的目的，其对于后续研究物种起源、进化及特定环境适应性，以及比较基因组学研究都具有重要的意义。

（二）全基因组测序与重测序

全基因组测序是指对某种生物基因组中的全部基因进行测序，即把细胞内的基因组序列从第一个 DNA 分子开始直到最后一个 DNA 分子完整地检测出来，并按顺序排列好。全基因组测序覆盖面广，能检测个体基因组中的全部遗传信息。重测序是全基因组重新测序的简称，是指对已知基因组序列的物种进行不同个体的基因组测序，并在此基础上对个体或群体基因组进行差异性分析。

使用高通量测序技术分析全基因组可得到所有基因组改变的碱基序列图谱，包括单核苷酸变异（single nucleotide variation，SNV）、插入和缺失（insertion and deletion，indel）、拷贝数变异（copy number variation，CNV）及结构变异（structure variation，SV）。全基因组测序可获得个体或群体分子遗传特征，广泛应用于遗传变异检测、性状基因定位、遗传图谱构建和遗传进化研究。在疾病诊疗方面，可应用于鉴定遗传病、查找驱使肿瘤发展的突变及追踪疾病的暴发等。

在过去，全基因组测序主要有两种策略：一种是分级鸟枪法测序，另一种是全基因组鸟枪法测序。分级鸟枪法测序需要先构建物种基因组的物理图谱，然后从物理图谱中挑选出一组重叠效率较高的克隆群进行鸟枪法随机测序，由于在测序中每个克隆均相互独立，且计算机在处理时相对简便，同时补洞阶段难度降低，因此在最初国际合作的人类基因组计划中，该方法被广泛应用。全基因组鸟枪法测序为直接将全基因组随机打断成小片段 DNA 以构建质粒文库，然后进行测序。该方法的优点在于省去了复杂的构建物理图谱的过程，但对计算性能要求较高，需要实现将短序列片段精准地比对到参考基因组上。随着近年来计算机性能的快速发展，以及拼接功能的不断完善，全因基组鸟枪法测序的瓶颈被逐渐突破，因此该方法在不断完善的过程中应用也越来越普遍，并在进一步优化的过程中逐步取代了分级鸟枪法测序。

随着高通量测序仪的发明和应用，全基因组鸟枪法测序的思路也被持续沿用于全基因组高通量测序：全基因组随机打断成一定长度的 DNA 片段后加上适宜的接头序列以构建全基因组测序文库，之后对文库进行双端测序，再利用生物信息学技术进行序列拼接，获得全基因组序列。

二、DNA 文库制备基本流程

DNA 测序虽然包括 *De novo* 测序和重测序等不同的策略，但其基本操作流程相似，一般包括文库制备、上机测序和下机数据分析，上机测序基本由仪器完成，下机数据分析参考第五章生物信息学分析，以下将文库制备的具体要点介绍如下。

（一）文库制备

目前高通量测序技术可检测的 DNA 样本主要来源于组织、细胞或各类微生物的基因组 DNA，以及各类体液中的小片段 DNA（如血浆中的肿瘤游离 DNA、母体血浆中的胎儿游离 DNA 等）。虽然这些 DNA 样本看似类型不同，但在进行高通量测序 DNA 文库制备时，其步骤基本相仿：先是对样本 DNA 进行提取，再将其片段化（小片段 DNA 样本的文库构建无需片段化），通过凝胶电泳或磁珠选择合适大小的片段，随后对 DNA 进行末端修复（5′端磷酸化，并在其 3′端加适当的接头），扩增并定量形成最终的文库。

根据文库构建时 DNA 断裂的方式及长度，全基因组测序文库构建有多种策略。最常用的全基因组测序文库类型为短插入片段（250~300bp）文库，而其他全基因组测序文库包括 mate-pair 测序文库、长插入片段（850~1000bp）测序文库，以及长程测序（long range sequencing，LRS）文库，可补充性用于识别基因结构变异及各类突变。

DNA 类文库根据研究目的可分为全基因组测序文库、*De novo* 测序文库及其他文库，以下对上述文库制备中用到的方法及原理进行阐述。

1. DNA 提取

DNA 提取目前可用的方法主要包括有机溶剂提取法、离心柱提取法及磁珠吸附提取法。

（1）有机溶剂提取法。即酚/氯仿提取法，其主要利用 DNA 易溶于水而不溶于有机溶剂、蛋白质在有机溶剂存在时可变性沉淀的原理。根据核酸和蛋白质对酚和氯仿变性作用的反应性不同分离核酸与蛋白质后，在高盐条件下利用乙醇沉淀以收集 DNA。该方法可对较大块的组织样本进行提取，并获得相对较高产量和质量的 DNA。然而该方法费时费力，无法实现大批量提取且难以自动化，因此在高通量测序中应用较为局限。

（2）离心柱提取法。该方法主要利用了 DNA 分子固相结合的原理，将 DNA 吸附于离心柱的吸附膜（如玻璃纤维素膜）上，同时离心去除蛋白质及 RNA 等其他分子。该方法可对多种样本类型进行提取，并获得优质 DNA（基因组 DNA 及小片段 DNA 均可以被提取）供后续测序使用。由于离心柱法操作简便易行且可一定程度自动化，适用于大规模和高通量样本的处理。但是，当起始材料过多（如较大的组织样本）或不完全均质化时可导致吸附膜堵塞，从而导致产量降低或潜在的污染。

（3）磁珠吸附提取法。生物磁珠即具有细小粒径的超顺磁微球，其具有丰富的表面活性基团，可以与各类生化物质耦联，并在外加磁场的作用下实现分离。根据磁珠上包被的基团，生物磁珠可分为环氧基磁珠、氨基磁珠、羧基磁珠、醛基磁珠、巯基磁珠及硅基磁珠。环氧基磁珠、氨基磁珠及羧基磁珠可用于各类蛋白或抗体的分离，巯基磁珠可用于重金属物质的分离。用于 DNA 分离提取的磁珠则为硅基磁珠，其提取原理为利用氧化硅纳米微球的超顺磁性，在 Chaotropic 盐（盐酸胍、异硫氰酸胍等）和外加磁场的作用下，DNA 分子可被特异高效地吸附。该方法相比离心柱提取法避免了样本堵塞吸附膜的影响，同时操作简便，且易于自动化，高通量测序中应用广泛。除此之外，由于纳米级别的硅基磁珠可在溶液中均匀散在分布，因此其与 DNA 分子接触面积较离心柱提取法更大，故磁珠吸附法可更好地吸附小片段 DNA 分子，适用于血浆肿瘤游离 DNA 等小片段 DNA 分子的提取。

2. DNA 片段化

在对样本进行 DNA 提取后，需对提取的 DNA 样本进行片段化以符合各测序平台的读长要求。目前，DNA 片段化主要通过物理方法（如超声打断法、雾化法等）和酶消化方法（即非特异性核酸内切酶消化法）实现。

（1）超声打断法。以 Covaris 超声破碎系统较为常用，其利用几何聚焦声波能量，通过 >400kHz 的球面固态超声传感器将波长为 1mm 的声波能量聚焦在样本上，在等温条件下，核酸样本可被断裂成小片段分子并同时保证完整性。配合专门设计的聚焦超声（adaptive focused acoustic，AFA）管，Covaris 超声破碎系统可精确地将 DNA 打断成 100~1500bp 或 2~5kb 的片段（miniTUBE）。而对于那些更长 DNA 片段的测序，g-TUBE 可通过离心产生剪切力以产生 6~20kb 的片段。与此同时，配合片段回收仪（如 Sage Science 的 Pinpin Prep）可精确获得特定长度的产物，利于提高产物的质量。

（2）非特异性核酸内切酶消化法。除了超声打断法，用非特异性核酸内切酶处理 DNA 样本也是 DNA 片段化的常用方法。例如，NEB 公司推出的 NEB Next dsDNA Fragmentase 为两种酶的混合物，一种在 dsDNA 上产生随机切割，另一种识别随机切割位点并切割互补的 DNA 链，从而产生 100～800bp 的双链 DNA 片段。Illumina 公司 Nextera 系列文库构建试剂盒中所使用的转座酶 Tn5 也可通过转座子序列的特异性识别切割 DNA 产生约 300bp 大小的片段。

研究证实，超声打断法及非特异性核酸内切酶消化法对 DNA 的片段化作用均较为高效，其中 Covaris 超声破碎系统可得到较非特异性核酸内切酶消化法更窄的片段分布。非特异性核酸内切酶消化法得到的片段虽不如超声打断法集中，但其在操作过程中的样本丢失量更低。一般情况下，对裸露 DNA 进行片段化不易引起大的偏倚，非特异性核酸内切酶实际上也具有一定的偏好性（易切割 A－T），因此非特异性核酸内切酶消化法所制备的片段化文库存在插入和缺失的情况，在检测过程中应予以注意。

3.　连接接头

回收纯化后的 DNA 片段应进行末端修复及 5′端磷酸化以利于后期连接反应，并随后在其 3′端加上适当的接头。末端修复常通过 T4 DNA 聚合酶及 Klenow 酶实现，也可采用 TaqDNA 聚合酶替代 Klenow 酶。加接头的目的是将待测目的片段锚定在测序芯片/半导体磁珠上，同时，接头旁的附加引物可扩增出足量的测序片段模板，从而提高检出效率。根据检测平台及测序原理，接头中的引物序列及标签序列也各不相同。目前，添加接头序列的方式有两种，一种为 TA 克隆方式，另一种为 PCR 方式。两种方式均具有相对良好的连接效率，在不同文库构建方式下有不同的应用。

目前市场上有越来越多的公司提供接头添加试剂盒，当下主流的文库构建试剂盒厂商有 Illumina 公司、Thermo Fisher 公司、Agilent 公司、Bioo Scientific 公司、KAPA Biosystems 公司及 NEB 公司等。其中，Illumina 公司目前生产的 DNA 文库构建试剂盒主要有 TruSeq 系列和 Nextera 系列。TruSeq 系列采用超声打断法对 DNA 进行随机打断，然后通过 TA 克隆方式连接相应接头，片段筛选后进行 PCR 扩增放大。TruSeq DNA 建库方法由于对基因组的覆盖度较高，对 DNA 的质量要求较低，自动化程度高，因此常用于普通基因组的文库构建。例如，TruSeq Nano DNA Sample Prep Kit 仅需要相对较少的起始样本（100～200ng DNA）即可制备片段大小为 350bp 或 550bp 的文库，以适用于 NextSeq 500、HiSeq HiScanSQ、Genome Analyzer

和 MiSeq 等多种 Illumina 高通量测序系统进行全基因组测序。但 TruSeq 系列文库构建试剂盒操作步骤较多，实验耗时偏长。Nextera 系列则运用高活性并携带特定转座子序列的转座酶，能一次性完成 DNA 的片段化和接头添加，具有简便、快速和低建库起始量的优点，但其对插入序列具有偏好性，同时对 DNA 纯度和浓度准确性有较高的要求。因此 Nextera 系列文库构建试剂盒适于样本量有限的应用，如肿瘤活检、降解的 DNA 或纯化后的 DNA 样本。

除了 Illumina 公司的文库构建试剂盒，目前实验室常用的 DNA 文库构建试剂盒还有 Agilent 公司推出的 SureSelect XT Kit、HaloPlex HS Kit，Thermo Fisher 公司推出的 Ion Xpress Plus Fragment Library Kit、Ion AmpliSeq Library Kit，Bioo Scientific 公司推出的 NEXTfiex Rapid Illumina DNA－Seq Library Prep Kit，KAPA Biosystems 公司推出的 KAPA Hyper Prep Kits，以及 NEB 公司推出的 NEB Next DNA Sample Prep Master Mix Set、NEB Next Ultra DNA Library Prep Kit 等。

三、DNA 测序实验流程

不同厂家的仪器与试剂进行测序时流程各有不同，以下以 Illumina 试剂与仪器为例介绍 DNA 测序实验流程。

（一）文库制备

1. 全基因组测序文库制备

本书以 Illumina 公司的 NexteraXT 建库试剂盒为例对全基因组测序文库制备过程进行介绍。

（1）DNA 样本提取。采用相应文库制备试剂盒制备全基因组测序文库前，需根据样本类型使用合适的方法提取基因组 DNA。在提取某些特殊组织（如富含核酸酶的胰腺组织等）的 DNA 时需参考文献和经验设计相应的提取方法，以获得较高质量的基因组 DNA，尤其是当组织中富含多糖及酚类物质时，需对多糖及酚类物质进行去除。对于制备短插入片段全基因组测序文库而言，需要 200ng 高质量 DNA 用于下游操作；对于制备长插入片段全基因组测序文库而言，需要 220ng 高质量 DNA。当 DNA 样本质量不佳（如 DNA 样本降解）时，由于 DNA 样本完整性降低，可制备的长片段文库会相应减少，有效数据也相应减少。因此，若仍需制备长插入片段全基因组测序文库，则需要进一步提高上样量以保证后期测序数据的可靠性。

（2）DNA 片段化。将足量的 DNA 样本稀释至要求后，采用试剂盒中的酶将 DNA 剪切为 250～300bp 大小的片段（短插入片段文库）或 850～900bp 大小的片段（长插入片段文库），以进行后续文库制备步骤。

（3）接头连接。向被剪切的 DNA 片段中加入 $5\mu L$ $30\mu mol/L$ 的 Index 1（i7）、Index 2（i5）接头液进行文库的接头连接。完成接头连接后，按试剂盒要求用 AMPure XP 磁珠进行文库纯化。

（4）文库扩增富集及纯化。对于短插入片段文库而言，完成接头连接后按试剂盒要求再进行 PCR 扩增和 PCR 产物磁珠纯化。纯化产物经定量并稀释至一定浓度，按照测序仪要求进行文库变性或直接稀释为上机浓度，即可制备成为用于上机测序的文库样本。

2. *De novo* 测序文库制备

本书以 Illumina 公司的 Nextera Mate Pair Library Prep Kit 为例进行 mate-pair 文库制备流程介绍。

（1）DNA 样本提取。采用 Nextera Mate Pair Library Prep Kit 制备 *De novo* 测序文库前，需根据样本类型使用合适的方法提取基因组 DNA（>1～$4\mu g$）。植物 DNA 可采用十二烷基磺酸钠（sodium dodecyl sulfate，SDS）法提取，动物血液样本或组织样本 DNA 可采用酚-氯仿抽提或商品化试剂盒提取，真菌及细菌样本可采用十六烷基三甲基溴化铵（cetyltri methylammonium boromide，CTAB）法或商品化试剂盒提取。所提取的 DNA 应保证较高的纯度，没有蛋白、多糖和 RNA 的污染，保证较高的浓度和较好的完整性，DNA 样本无明显降解。同时，由于 Nextera Mate Pair Library Prep Kit 使用酶切法进行片段化处理，因此提取的 DNA 应采用 Qubit 荧光定量仪进行精确定量，且浓度应不低于 $1\mu g$。当 DNA 样本出现部分降解时，在片段化阶段所加入的转座子酶需适量减少以防止发生过度片段化。

（2）试剂版本选择。Nextera Mate Pair Library Prep Kit 包括无胶回收版本和有胶回收版本。在进行文库构建之前，需要根据后续测序应用来选择是否需要进行切胶回收。无胶回收版本试剂盒操作更为简便快速，仅需要较为少量的 DNA 样本（1pg）即可产生具有高度复杂性的文库。但不经胶回收的 mate-pair 文库片段大小分布比较广泛（可选范围在 2～15kb，中位片段大小为 2.5～4kb），而经胶回收的 mate-pair 文库则可根据需求自行选择分布较窄的文库片段。

（3）DNA 片段化。基因组 DNA 提取后采用 Nextera Mate-Pair Tagment 酶进行随机片段化（可选范围 2~10kb）。Nextera Mate-Pair Tagment 酶为一种改良后的 Tn5 转座酶，因此根据转座酶的特性，其在进行 DNA 切割的同时还可在片段两端连接上特定的生物素化 mate-pair 连接接头，该接头在后续操作中可用于纯化 mate-pair 文库片段。

（4）链置换反应。由于 Nextera Mate-Pair Tagment 酶在切割后的片段处会形成一个短单链缺口，因此需用链置换 DNA 聚合酶进行缺口修复以进行下一步的环化。完成链置换反应后，向链置换反应体系中加入 AMPure XP 磁珠（体积比 1∶0.8）进行大片段 DNA 纯化，以去除<1500bp 的 DNA 分子。

（5）切胶回收。切胶回收（仅针对有胶回收版本试剂盒）相比 AMPure XP 磁珠回收纯化可更为准确地进行 DNA 片段大小选择，所选择的片段大小需根据实验目的和酶切结果共同决定。与无胶回收版本操作相比，切胶回收可产生片段更大、分布更集中的 mate-pair 文库。但是，构建越大片段的 mate-pair 文库，操作难度也越大，最终文库产量也越低，文库复杂性也越差。因此，若需要进行切胶回收构建 mate-pair 文库，DNA 样本的起始量、DNA 定量及片段大小选择需要严格把控。切胶回收应至少回收到 150~400ng 目的 DNA，若产量不足应适当扩大切胶范围。

（6）DNA 环化。AMPure XP 磁珠纯化 DNA 样本或切胶回收后，DNA 样本中加入连接酶 30℃反应过夜，可对长 DNA 片段的首尾平末端进行环化连接。在环化连接前，需使用 Agilent 生物分析仪或 Qubit 荧光定量仪对纯化或胶回收产物进行精确定性定量。AMPure XP 磁珠纯化后应至少含有 250~700ng DNA，切胶回收后应至少含有 150~400ng DNA。过量的 DNA 虽然可以增加文库产量及多样性，但会产生较多的嵌合 read 对；相反，过少量的 DNA 虽然可减少嵌合 read 对的产生，但也会使文库产量及多样性减少。在 $300\mu L$ 环化反应中，DNA 的推荐使用量为不超过 600ng。

（7）消化线性 DNA。分子环化反应后，加入 DNA 外切酶对残留的线性 DNA 分子进行消化去除处理，以防干扰后续反应。

（8）环化 DNA 分子切割及纯化。环化的 DNA 分子经 Covaris 超声打断形成更小且两端带有凸出黏性末端的 DNA 片段（300~1000bp），随后通过带有链霉亲和素的磁珠将带有生物素标记的片段捕获以进行后续 mate-pair 文库构建。

（9）DNA 末端修复、磷酸化、加 A 尾及接头连接。打断后的 DNA 片段使用具有核酸外切酶活性的 T4 DNA 聚合酶及 Klenow 酶将 DNA 片段黏性末端结构补平为平末端，采用 T4 多聚核苷酸激酶（PNK）对 DNA 片段进行 5′端磷酸化并完成 3′端加 A。向打断的 DNA 片段加入 1× DNA Adapter Index 进行接头连接，接头连接反应一般进行 10min。由于上述步骤 DNA 均结合在磁珠上，因此，在每一步操作中直接进行磁珠洗涤即可完成纯化过程。

（10）文库扩增富集及纯化。完成接头连接的 mate-pair 文库再进行高保真 PCR 扩增，程序如下：98℃，30s；（98℃，10s；60℃，30s；72℃，30s）×10 循环；72℃，5min，PCR 扩增后对 PCR 产物进行磁珠纯化即制备成为可用于上机测序的 mate-pair 文库样本。

（二）上机测序

1. 桥式 PCR 扩增

文库构建好后，DNA 片段通过与 Flowcell 表面的接头互补配对并结合在 Flowcell 表面，以待测 DNA 为模板进行桥式 PCR 扩增。最终每条 DNA 片段在各自位置上扩增成簇，每一簇含有多个 DNA 模板的拷贝。

2. 测序反应

采用 SBS 的方式，反应体系中包含 DNA 聚合酶、接头引物和带有特异性荧光标记的 4 种 dNTPs。dNTP 的 3′端经过化学封闭，每次只能添加一个 dNTP，随后洗脱，再加入荧光激发试剂激发荧光。对荧光信号进行采集、分析识别碱基后，再加入化学试剂淬灭荧光信号并除去 dNTPs 3′端的封闭，进行下一轮反应。

（三）下机数据分析

测序仪自动读取碱基后的数据被转移到自动分析通道进行二次分析。高通量测序检测的数据分析需应用各种软件。如 BWA（Burrows-wheeler Aligner）可用于与参考基因组比对；SAMtools 用于操作 SAM（序列比对/映射）、BAM 和 CRAM 格式的比对，包括格式转化、排序、合并和索引等；Genome Analysis Toolkit 用于比对和碱基质量分数的再校准，识别胚系及体细胞中单个核苷酸变异（SNV）和小的插入/缺失变异；CONTRA 可用于拷贝数变异（CNV）检测等。分析流程包括原始数据的生成和质量控制、数据比对、比对后处理、变异识别、变异过滤和解读等。

第二节　RNA 测序

RNA 测序是对提取核酸中的 RNA 分子进行测序，一般包括转录组测序、表达谱测序等。RNA 测序是从转录水平研究生物体基因调控的重要手段，本节将从 RNA 测序的分类、基本原理及实验流程实例等方面进行介绍。

一、概述

根据对测序数据分析的策略，RNA 测序可分为转录组测序和表达谱测序。

（一）转录组测序

转录组是特定组织、细胞或生物体在某一发育阶段或特定生理状态下转录出来的所有 RNA 的集合，主要包括信使 RNA（mRNA）和非编码 RNA（non-coding RNA，ncRNA），非编码 RNA 中以长链非编码 RNA（long non-coding RNA，lnRNA）和 microRNA（miRNA）关注度较高。由于转录组是连接生物基因组遗传信息与发挥生物功能的蛋白质组之间的纽带，因此对转录组进行研究是探究细胞表型和功能的一个重要手段。

在对转录组的研究中，转录组测序是近年来新兴的一项重要检测技术，它是指利用二代高通量测序技术进行 cDNA 测序，全面快速地获取某一物种特定器官或组织在某一状态下的几乎所有转录信息，通过生物信息分析可计算不同 RNA 表达量、发现新的转录本、定位转录本、分析可变剪切、检测基因融合等。它能够从整体水平研究基因功能及基因结构，揭示特定生物学过程和疾病发生过程中的分子机制。转录组测序包括 mRNA 测序、lncRNA 测序和 miRNA 测序。

广义上的转录组测序是指利用高通量测序技术对总 RNA 反转录后的 cDNA 进行测序，以全面、快速地获取某一物种特定器官或组织在某一状态下几乎所有 DNA 片段末端修复的转录本信息，并分析其基因表达情况、单核苷酸多态性（SNP）状态、全新转录本、全新异构体、剪接位点、等位基因特异性表达和罕见转录等转录组信息。但由于一般实验中抽提到的总 RNA 中 95% 都是序列保守、表达稳定的核糖体 RNA（rRNA），因此在对总 RNA 样本进行转录组测序后，往往会得到很多不重要的 rRNA 数据信息，甚至会掩盖 250～300bp RNA 中信息含量最丰富的 mRNA 的测序数据。因此，目前许多研究所提及的转录组测序常指狭义的转录组测序，即 mRNA 测序。与全基因组测序相同，转录组测序也可根据所研究物种是否有参考基因组序列分为转录组 *De novo* 测序和转录组重测序。两者仅在测序数据生物信息学分析方面有差异，而在文库制备过程中无差别。

（二）表达谱测序

表达谱测序只对样本中 mRNA 进行定量分析，而不需要分析 mRNA 序列的变化。通常此类分析需要参考序列，其参考序列可以是基因组序列（有参考基因组的物种）或转录组序列（无参考基因组物种，转录组 *De novo* 拼接的结果）等。

此类测序分析仅仅要求将测序得到的数据比对到参考序列上，然后计算参考序列在样本中的对应表达，而不需要去分析参考序列在样本中是否发生了序列变化（可变剪切、基因融合、SNP 等）。表达谱测序因为仅仅是定量分析，所以对测序数据量要求较低，一般单个样本的数据量在 2～3Gb 就足够了。

二、基本原理与实验流程

虽然转录组测序和表达谱测序的策略不同，但它们都是建立在对所有 mRNA 测序的基础上的，因此测序的基本原理和流程相同，其核心步骤文库制备要点如下。

DNA 是生物遗传信息的主要载体，但若需要将遗传信息向表型转化，作为中间桥梁的 RNA 不可或缺。与 DNA 分子相比，RNA 分子质量相对较小并且种类繁多。除了编码 RNA、转运 RNA（tRNA）及核糖体 RNA（ribosome RNA，rRNA）这三种参与蛋白质合成的主要 RNA，小分子细胞核 RNA（snRNA）、小分子胞质 RNA（scRNA）、小分子核仁 RNA（snoRNA）、染色质 RNA、反义 RNA 及各种病毒 RNA 在表达和调控过程中都各自发挥着重要作用。正因为 RNA 种类繁多，因此在决定如何制备 RNA 文库时要考虑测序实验的主要目的，并根据实验研究对象选择不同类型的 RNA 样本及文库构建方式。如果研究对象是探索整体的转录事件，则需提取完整且纯净的总 RNA，同时文库应捕获整个转录组，包括 mRNA、ncRNA、反义 RNA 及基因间 RNA，并保证尽可能完整；如果研究目的仅是 mRNA 转录本，则提取时需去除 rRNA 且文库构建时只需要筛选富集带有 poly（A）尾的 RNA；若研究目的聚焦 miRNA、snoRNA、pIwI-interacting RNAC（piRNA）、snRNA 等小分子 RNA，则需要在构建文库之前通过片段选择以富集小分子 RNA；如果是环状 RNA 测序，则需要先使用核糖核酸酶（RNase）降解为线性 RNA 分子，再进行文库构建。

1. RNA 提取

以转录组测序为例，制备 RNA－Seq 文库通用步骤的第一步为对样本进行总 RNA 或 mRNA 提取。目前，总 RNA 或 mRNA 提取的方法有 TRIzol 提取法、离心柱提取法及磁珠吸附提取法。

（1）TRIzol 提取法。该方法主要利用了 TRIzol 试剂含有苯酚、异硫氰酸胍等物质，能迅速破碎细胞并抑制细胞释放的核酸酶活性的特点，在异丙醇作用下可完整沉淀样本中的总 RNA 分子。该方法最为经典、传统，可适用于大多数样本类型，尤其是较难裂解的组织样本。但需注意的是，该方法在操作过程中也可能会引入影响后续 PCR 酶促反应的抑制剂（如血液中的血红蛋白、植物样本中的腐植酸、黄腐酸等，以及在实验过程中带入的肝素、氯酚、氯仿等），这些抑制剂如不去除，将会对后续的反转录、末端修复、加 A 尾、接头连接及 PCR 扩增等产生影响，最终影响获得的测序数据。

（2）离心柱提取法。该方法采用一系列裂解液裂解组织或细胞，并同时抑制 RNA 酶，硅胶膜特异性吸附 RNA 后多次漂洗去除 DNA、蛋白质及其他杂质，最后经低盐溶液洗脱 RNA。与 TRIzol 提取法相比，硅胶膜特异性吸附的离心柱提取法操作更为简便、快速且易于自动化，适用于大规模和高通量样本处理，因此目前在高通量测序中的应用逐渐增加。

（3）磁珠吸附提取法。根据使用的磁珠类型，该方法可分别对样本的总 RNA 及 mRNA 进行提取。该法提取样本总 RNA 的原理与其提取样本 DNA 的原理基本相同，利用磁珠的亲和和吸附能力，在高盐环境和外加磁场的作用下对核酸进行分离。但与 DNA 提取不同的是，在使用磁珠对 RNA 进行提取前，需采用特殊的裂解液对样本进行前处理以去除 RNase 并分离 RNA 层以便于进行后续的总 RNA 提取。与硅基磁珠提取样本也有所不同，磁珠吸附提取法将待提取的样本与生物素标记的 oligo（dT）探针进行退火结合后再与包被有亲和素的磁珠相互作用，即可达到分离 mRNA 的目的。采用磁珠吸附提取法提取 RNA 相比离心柱提取法消除了样本堵塞吸附膜的影响，同时操作更为便捷。但由于 RNA 吸附磁珠制备要求和成本较高，目前市面上商品化试剂盒种类并不多，因此普及程度尚不如离心柱提取法。

2. 去除干扰 RNA

由于直接对样本总 RNA 进行测序将产生许多无用的 rRNA 信息，因此在提取得到符合标准的总 RNA 后，需对占提取总 RNA 80%～90% 的 rRNA 进行去除。目前去除 rRNA 的方式有两大类，一类为 poly（A）纯化法，另一类则为 rRNA 直接去除法。

（1）poly（A）纯化法。该法去除 rRNA 干扰的原理是基于大部分真核生物的 mRNA 及长链非编码 RNA（lncRNA）均带有 poly（A）尾结构。该方法可通过使用带有 oligo（dT）的磁珠直接进行靶向杂交富集 mRNA，也可通过使用 oligo（dT）引物进行反转录以扩增带有 poly（A）尾的 RNA。但由于单向扩增过程具有 3′端转录偏好性，故易产生偏倚，并且 oligo（dT）引物也可能与 RNA 链中的 poly（A）区域结合而产生偏倚扩增，因此该方法仅适用于低 RNA 样本量时的 rRNA 去除。不仅如此，poly（A）纯化法对于不含有 poly（A）尾的转录本，以及存在部分降解的总 RNA 样本（如 FFPE 样本）并不合适。

（2）rRNA 直接去除法。针对不含有 poly（A）尾的转录本、存在部分降解的总 RNA 样本（如 FFPE 样本）及原核生物样本，去除总 RNA 中的 rRNA 需利用 rRNA 直接去除法。目前直接去除 rRNA 的方法有多种，如 rRNA 特异探针杂交消减法（Epicentre 公司的 Ribo-Zero rRNA Removal Kit、Invitrogen 公司的 RiboMinus Bacteria Transcriptome Isolation Kit）、依赖于双链特异核酸酶的 cDNA 均一化法（Evrogen 公司的 Trimmer Direct cDNA Normalization Kit）、选择性引物扩增法（NuGEN 公司的 Ovation Prokaryotic RNA-seqSystem）及 5′-单核苷酸依赖的外切酶处理法（Epicentre 公司的 mRNA-ONLY Prokaryotic mRNA Isolation Kit）。其中，依赖于双链特异核酸酶的 cDNA 均一化法通过使用 DSN 可特异性地降解大部分双链高丰度 cDNA 分子（如 rRNA、tRNA、mtRNA 和大多数高转录信使的 cDNA 克隆）并留下完整的单链 cDNA 分子，但该方法需要较高的总 RNA 样本量，因此在临床使用时存在一定的局限性。

完成 rRNA 去除获得 mRNA 后进行文构建有两种思路：一种是先用 oligo（dT）对 mRNA 进行反转录，再对 cDNA 进行片段化；另一种先进行 mRNA 片段化处理，再利用随机引物进行反转录。目前研究显示，先对 mRNA 进行打断再构建的文库最终获得的测序 reads 主要是针对基因本体，而先进行反转录再进行打断处理获得的测序 reads 则对转录本的 3′端具有较强的偏好性。因此，在 RNA-Seq 中建议采用先对 mRNA 进行打断再反转录处理的文库构建方法。

目前 mRNA 进行片段化的处理方法有碱处理法、二价阳离子溶液处理法（Mg^{2+}、Zn^{2+}）及酶（RNaseⅢ）处理法。其中，前两种处理法应在较高的温度（如 70℃）下进行，以减少 RNA 结构的改变。

在完成 cDNA 反转录过程后，后续的末端修复、5′端磷酸化、加接头、扩增、定量及最终文库的处理均与 DNA 类文库构建过程类似。在完成文库定量及标准化处理后，RNA 文库即构建完成。

三、RNA 测序实验流程实例

使用不同厂家的仪器与试剂进行测序流程各有不同，下面以具体试剂为例介绍 RNA 测序实验流程。

（一）文库制备

1. 转录组文库制备

转录组测序文库构建流程的差异主要由转录组测序目的及实验样本类型决定。例如，当实验样本为原核生物 RNA 时，由于原核生物的 mRNA 没有 poly（A）尾结构，故需通过 5′单核苷酸依赖的外切酶处理法或选择性引物扩增法进行 rRNA 去除；当实验样本为真核生物 RNA 时，由于真核生物 mRNA 具有 poly（A）尾，因此在真核生物转录组文库构建中可通过对 poly（A）尾进行捕获，从而达到富集 mRNA 的目的；当实验样本为 FFPE 样本时，由于其样本 RNA 常已断裂降解，无法通过 oligo（dT）对 mRNA 片段进行完全捕获，因此需通过依赖于双链特异性核酸酶的 cDNA 均一化法等直接去除 rRNA 达到富集 mRNA 的目的。除此之外，根据不同的实验目的，当目的实验需得到 RNA 链的特异性信息时，在转录组测序文库构建时需采用双端连接特异接头，或在第二条 cDNA 链合成时添加 dUTP 的方法得到具有特异链信息的测序结果；当转录组测序为分析选择性剪切时，由于 poly（A）纯化法具有 3′端偏好性，因此文库构建时需使用 rRNA 直接去除法。目前，各大测序试剂厂商均上市了一系列针对不同实验目的的转录组测序文库构建试剂盒。以 Illumina 公司为例，TruSeq RNA 系列文库构建试剂可通过 poly（A）纯化法进行常规的差异基因表达分析；TruSeq Stranded mRNA 文库构建试剂盒在第二条 cDNA 链合成时添加了 dUTP，适用于 RNA 特异性信息分析研究；TruSeq Stranded TotalRNA 文库构建试剂盒可覆盖所有编码 RNA 和非编码 RNA，适用于对各类 RNA 研究。

下面以 TruSeq RNA V 试剂盒为例进行详尽的转录组文库构建流程介绍。

（1）样本总 RNA 提取。用 TruSeq RNA V2 文库构建试剂盒制备转录组测序文库。首先需根据组织种类、样本类型使用合适的方法提取总 RNA。一般采用 TRIzol 试剂破碎细胞或组织，然后经氯仿等有机溶剂抽提纯化。在提取过程中需注意对样品或组织进行有效的破碎（使蛋白复合体高效变性并分离），以及对肝素等杂质进行去除（未完全去除将严重影响后续反转录过程）。同时，由于自然环境中 RNase 无处不在，在提取 RNA 时尤其需注意抑制 RNase 的活性。当提取的为人类组织或细胞总 RNA 时，则至少需要获得 $0.1 \sim 1.0 \mu g$ 高质量总 RNA 进行后续操作。完成 RNA 提取后，推荐用 Agilent 2100 生物分析仪对 RNA 样本的质量、纯度及完整性进行评判，人源 RNA 样本 RNA 完整性指数（RIN）需大于 8。

（2）片段化 RNA。将足量 RNA 样本用无核酸酶超纯水稀释至终体积 $50 \mu L$，向其中加入 $50 \mu L$ 结合有 oligo（dT）的 RNA 纯化磁珠。65℃孵育 5min，使 mRNA 变性，再将温度降至 4℃，随后将样本管取出恢复至室温以促进磁珠与 mRNA 结合。使用磁珠洗涤液完成洗涤后，将样本置于 80℃孵育 2min 以洗脱磁珠上结合的 mRNA。洗脱完待温度降至 25℃时向其中加入 $50 \mu L$ 磁珠结合缓冲液以再次进行磁珠−mRNA 结合。二次洗涤后，向样本管中加入含有片段化成分及反转录随机引物的洗脱液，将样本置于 94℃孵育 8min 并进行最终洗脱，得到纯化且片段化的 mRNA 样本。

（3）第一链 cDNA 合成。mRNA 经片段化并纯化后，向其中加入含有反转录酶成分的第一链反转录反应液，按 25℃ 10min、42℃ 50min、70℃ 15min 进行第一条 cDNA 链反转录。

（4）第二链 cDNA 合成。完成第一条 cDNA 链反转录后立即进行第二条 cDNA 链反转录。向其中加入第二链反转录反应液后，16℃孵育 1h 以进行第二条 cDNA 链反转录。完成第二链 cDNA 合成后，按体积比（样本：AMPure XP 磁珠）1∶1.8 加入纯化磁珠进行 cDNA 文库纯化。

（5）末端修复。3′端加 A 及接头连接。纯化后的 cDNA 文库使用具有核酸外切酶活性的 T4 DNA 聚合酶及 Klenow 酶将 DNA 黏性末端结构补平为平末端，同时采用 T4 PNK 对 DNA 片段进行 5′端磷酸化和 3′端加 A。向 cDNA

文库中加入 2.5μL RNA Adapter Indexes 进行转录组文库的接头连接。其中，在每步完成后均需进行 AMPure XP 磁珠纯化。

（6）文库扩增富集及纯化。完成接头连接后的 cDNA 文库需接着进行 15 轮高保真 PCR 扩增，按照如下程序进行：98℃ 30s；（98℃ 10s，60℃ 30s，72℃ 30s）×15 个循环；72℃ 5min；10℃保存。再对 PCR 产物进行磁珠纯化即制备成为可用于上机测序的转录组文库样本，文库片段大小为 200～400bp。

2. lncRNA 链特异性文库构建

lncRNA 是长度>200 个核苷酸的非编码 RNA，占 ncRNA 总量的 80% 左右，其本身不含开放阅读框（ORF），不编码蛋白质，广泛存在于各种生物体内，具有组织特异性表达和丰度低等特点。lncRNA 大多数由 RNA 聚合酶转录后经过剪接和多聚腺苷酸化加工而成，通常具有 5′加帽结构和 3′poly（A）结构，但有 40% 的 lncRNA 不携带 poly（A）。lncRNA 序列保守性较差，仅在二级结构和启动子区域有进化保守性。相比于其他 ncRNA，lncRNA 序列较长，可形成更为复杂的空间结构与蛋白质相互作用，故其携带的信息量更为丰富；lncRNA 也提供了较大的空间位置，可同时与多个分子结合。研究发现，lncRNA 可表观 DNA 甲基化组蛋白修饰、染色质重构、转录及转录后水平调节基因的表达、蛋白质运输和 mRNA 降解与各种基本生命活动和疾病的发生发展过程。借助高通量测序技术结合先进的生物信息学分析，可一次性获得样本中几乎全部的 lncRNA 信息，为全面、深入地研究 lncRNA 的功能提供了新的工具。目前，利用 RNA－seq 数据鉴定 lncRNA 已逐渐成为代替传统微阵列的技术。

（1）样本采集。

①样本类型：组织、细胞或高质量总 RNA。

②癌症标本：癌旁和癌组织配对样本，应具有 3 个以上生物学重复。

（2）样本处理。

①对样本提取的总 RNA 质量进行检测，包括浓度及纯度检测。不同高通量测序平台的建库方法和建库试剂盒对样本质量要求不同，以 Illumina 公司的 TruSeq Stranded Total RNA 文库制备试剂盒为例，要求总 RNA 样品量为 0.1～1.0μg，RNA 样品浓度＝200ng/μL，RNA 无明显降解，提取的总 RNA 的 OD$_{260/280}$值为 1.8～2.2，OD$_{260/230}$值为 1.8～2.2，28S/18S≥10，RIN≥7.0。RNA 质量太低则会影响后续连接效率及建库产量。

②通过 rRNA 去除试剂盒去除 rRNA。

③使用超声打断法将 RNA 打断成 200～300bp 的片段。

（3）cDNA 富集。

①以超声打断的 RNA 片段为模板，用随机引物反转录合成 cDNA 第一条链。

②合成 cDNA 第二条链，将 dTTP 替换为 dUTP，再经纯化、末端修复、加 3′端 A 碱基，连接接头序列。

③降解 cDNA 的第二条链，并将处理好的 cDNA 进行 PCR 扩增，富集文库片段。该步骤加入的 Taq 酶在遇到 cDNA 第二条链的 U 碱基后，将阻止其继续延伸，从而去除 cDNA 的第二条链，保留第一条链继续扩增，完成文库制备。

④文库质量检测，检测内容包括文库大小及有效浓度。检测合格后准备上机测序。值得注意的是，对于测序文库的构建，针对不同的测序平台及测序要求，应使用对应的文库构建试剂盒。根据不同的实验要求可选择双端测序文库或单端测序文库，以及链特异性文库或链非特异性文库。

（二）上机测序

根据测序平台选择最佳上样量和测序数据量，通常对于 lncRNA 及 miRNA 等小 RNA 测序，由于样本复杂性较低，2～10Mb reads 即可满足要求。

（三）生物信息学分析

不同测序技术的数据分析方式有所差别，主要包括以下几个步骤。

1. 测序数据质量控制

高通量测序获得的原始数据包含上百万条短 reads。在对其分析之前需要对原始数据进行测序质量评估（如 FastQC、NGSQC Toolkit）、reads 的 GC 含量分析、重复 reads 分析、污染数据分析、低质量数据的过滤（如 Fastx-Toolkit Trimmomatic），以获取高质量的过滤后数据（Fastq 格式文件）

2. 序列比对

序列比对是将 Fastq 文件中的每一条高质量 read 与参考基因组进行比对，获得每条 read 的参考位置、正负链等信息。目前常用的转录组分析 Fastq 数据比对软件有 Bowtie2、Tophat2、HISAT、STAR 等。比对后将生成储存

reads 比对信息的 SAM 或 BAM 文件。此外，与 rRNA 数据库比对可评价去除 rRNA 的效率。

3. 转录本拼接

通过测得的短片段序列还原出原始基因或转录本序列，根据是否依赖参考基因组，转录本拼接又可分为依赖参考基因组的序列拼接和 De novo 拼接。根据 lncRNA 数目使用参考基因组的序列拼接方法。目前常用的依赖参考基因组的序列拼接软件有 CuMinks、StringTie 和 Scripture。该步骤利用序列比对获得的 BAM 文件作为输入，利用储存的 reads 比对信息，根据软件算法对转录本进行拼接。

4. 注释

通过转录本拼接，可以得到特定样本中转录组转录本的集合，其中包含 lncRNA 与其转录本。通过与 mRNA 数据库及已知 lncRNA 数据进行比较，对 mRNA 部分已拼接 lncRNA 进行注释。此外，还可以通生物信息学分析软件对未知 lncRNA 进行鉴定，这类软件根据转录本的长度、外显子个数、ORF 大小等信息进行综合判断，预测转录本的编码能力。

（1）转录本注释软件：主要有 Cuffcompare。

（2）lncRNA 数据库：常用的 lncRNA 数据库有 NONCODE、lncRNAdb、GENCODE 等。

（3）编码能力预测：人类 lncRNA 的含量非常巨大。近年来随着高通量测序技术的出现，越来越多的未知转录本被发现，因此，需要通过软件鉴定其编码能力，以判断该转录本是否为 lncRNA。其中准确性较高的软件有 CNCI、PhyloCSFCPC、COME 等。

5. 差异表达分析

根据对照组−实验组配对样本的实验设计，研究的主要目的是差异表达基因的分析，希望从整个转录组水平寻找那些在对照组和实验组有显著表达量变化的基因或转录本。由于测序实验误差的存在，需要多个生物学重复来对基因表达量组间差异进行校正。差异表达分析包括基因或转录本定量及后续的组间统计检验。

（1）转录本定量。根据 lncRNA 转录本的注释信息，结合 reads 比对信息将 reads 合理地分配给不同的基因和转录本。由于基因组中存在多基因家族、假基因、重复序列多转录本等情况,很多测序 reads 无法唯一地分配给某个特定的基因或转录本。因此,需要使用一些计算机算法构建模型,使基因或转录本的定量更加准确。目前,基因水平定量最常用的软件是 HTSeq-count。转录本水平定量的软件主要是 Cufflinks 和 StringTie。

(2)组间统计检验。根据转录本或基因的定量信息,以及各生物学重复样本组间的比较,使用一些统计方法即可对差异表达进行统计并检验校正。目前常用的统计算法主要有 edgeR、DESeq、Cuffdiff、Ballgown。

6. 功能分析和预测

目前,除了少数 lncRNA 的功能已知,大部分 lncRNA 的功能都是未知的。因此需要对鉴定出的 lncRNA 功能进行预测,从而有助于 lncRNA 功能的研究。目前针对 lncRNA 功能预测的方法主要有以下两个。

(1)lncRNA 与蛋白质结合。

(2)通过转录组中 mRNA、lncRNA 表达量数据进行共表达分析,构建共表达网络,建立基因转录调控模型,从而对 lncRNA 的功能进行预测。目前通过构建共表达网络对 lncRNA 进行预测的工具主要有 ncFANs 和 WGCNA。

从 RNA 样本到最终数据获得,样本检测、建库、测序每个环节都会对数据质量和数量产生影响,而数据质量又会直接影响后续信息分析结果。因此,获得高质量数据是保证生物信息学分析正确、全面、可信的前提。利用高通量测序技术进行 lncRNA 测序,并结合生物信息学方法进行 lncRNA 分析,有助于更快发现那些具有重要调控功能的 lncRNA 及其与特定生物学过程的关系。该方法可以更加高效地获取样本中几乎全部 lncRNA 序列及位置信息,且突破了常规 lncRNA 检测技术的使用范围限制,不局限于对已知 lncRNA 的研究,还可对未知的 lncRNA 进行预测及功能分析,极大地促进了 lncRNA 的深入研究。

第三节 DNA 甲基化测序

一、概述

DNA 甲基化,通常称为基因组的"第五碱基",主要指在 DNA 甲基转移酶（DNA methyltransferases，DNMTs）的作用下，基因组中胞嘧啶 C5 位共价结合一个甲基基团，形成 5-甲基胞嘧啶（5-methylcytosine，5mC）的生化过程。此外还存在少量的 N6-甲基腺嘌呤及 7-甲基鸟嘌呤甲基化形式。DNA 甲基化在多个生理过程中有重要作用，如 X 染色体失活、基因表达、基因印记及维持染色体稳定性等。在正常人类的 DNA 中 2%～7%的胞嘧啶被甲基化，其中 CpG（C-phosphate-G）二核苷酸是最主要的甲基化位点，它在基因组中呈不均匀分布，存在高甲基化、低甲基化和非甲基化区域。在基因组的某些区域，如基因的启动子区域、5'端非翻译区和第一个外显子区，CpG 序列密度非常高，成为鸟嘌呤和胞嘧啶的富集区，称为 CpG 岛（CpG island，CGI）。正常情况下，人类基因组约有 2800 万 CpG 位点，其中 70%～80%的 CpG 二核苷酸处于甲基化状态。与之相反，大小为 100～1000bp 的 CpG 岛则总是处于低甲基化状态，并且与 56%人类基因组编码基因相关。一般情况下，启动子区 DNA 高甲基化与基因沉默相关，而低甲基化则与基因的活化相关联。大量的研究表明，抑癌基因的失活与该基因的启动子区域 CpG 有直接关系。相反，低甲基化可导致正常情况下受到抑制的癌基因活化，从而导致癌症发生。

随着高通量测序技术的发展，我们能够从全基因组水平分析 5'-甲基胞嘧啶及组蛋白修饰等事件，发现很多基因组学研究发现不了的东西，这就是 DNA 甲基化测序。近年来，随着测序技术的迭代更新和测序成本的降低，DNA 甲基化测序也有了更多的选择。

目前常见的表观遗传学 DNA 甲基化测序包括：①全基因组重亚硫酸盐甲基化测序（WGBS）；②精准 DNA 甲基化和羟甲基化测序（oxBS-seq）；③优化版简化甲基化测序（RRBS/dRRBS/XRBS）；④单/微量细胞全基因组甲基化测序（scWGBS）；⑤扩增子（羟）甲基化测序；⑥（羟）甲基化 DNA 免疫共沉淀测序［（h）MeDIP-seq］。

由于 DNA 甲基化与人类生长发育和癌症等多种疾病关系密切，其已经成为表观遗传学和表观基因组学的重要研究内容，同时也是目前研究最透彻的表观遗传信号。获得全基因组范围内所有胞嘧啶位点的甲基化水平数据，对于表观遗传学的时空特异性研究具有重要意义。整个基因组中存在数以万计的 CpG 位点，全面理解 CGI 甲基化的生物学功能需要系统和高效的检测技术。一直以来，技术方法是制约 DNA 甲基化研究的瓶颈之一。传统 DNA 甲基化检测技术，包括限制性酶切、甲基化特异性 PCR、Northern 印迹、Western 印记、免疫细胞化学等，只能检测单个或少数特定位点，并不能对整个基因组范围内所有的甲基化位点同时进行直接定量检测。高通量测序技术的出现带动了一系列新的衍生技术，使得全基因组单碱基分辨率的 DNA 甲基化研究成为可能，极大地促进了全基因组甲基化图谱的绘制。目前基于测序技术的 DNA 甲基化检测方法有 20 种以上，其中高通量甲基化测序技术主要包括全基因组重亚硫酸盐测序（WGBS）、简化代表性重亚硫酸盐测序（reduced representatio bisulfite sequencing，RRBS）、甲基化 DNA 免疫共沉淀测序（MeDIP－seq），以及以单分子实时测序（single molecular real time sequencing，SMRT）为代表的三代测序技术。

二、基本原理与实验流程

不同的甲基化测序方法的原理主要有 3 种：①重亚硫酸盐转换；②甲基化不敏感的限制性内切酶消化；③用特异性抗甲基化胞嘧啶或甲基化结合蛋白抗体亲和富集。不同的方法其敏感度及基因组覆盖度不同，实验流程也不同，以下按照测序方法分别进行原理与实验流程介绍。

（一）全基因组重亚硫酸盐测序

1. 检测原理

全基因组重亚硫酸盐测序（WGBS）是将重亚硫酸盐转换与高通量测序技术相结合的一种技术，可在全基因组范围内对甲基化进行精确检测，目前市场上应用的主流高通量测序平台均可应用该测序法。WGBS 的主要原理基于全基因组 DNA 的重亚硫酸盐转换，采用重亚硫酸盐处理样本 DNA，将 DNA 中未甲基化的胞嘧啶（C）转换为尿嘧啶（U），经 PCR 扩增后进一步变成胸腺嘧啶（T），而原本甲基化的 C 则保持不变，从而有效地将表观遗传差异转换为序列差异，通过比较处理和未处理 DNA 序列的差异，就能确定哪些碱基是甲基化的。结合高通量测序技术，能够对每一个 DNA 碱基的甲基化情况进行分析，并绘制单碱基分辨率的全基因组 DNA 甲基化图谱。

2. 检测流程

WGBS 检测 DNA 甲基化的流程主要包括样本采集、核酸提取、DNA 文库制备（包括 DNA 样本片段化、末端修复、加 A 尾、加测序接头、重亚硫酸盐处理、PCR 扩增）、文库检测、上机测序和数据统计分析（包括序列比对、甲基化识别、差异甲基化位点分析及注释等）。不同的测序平台流程稍有不同，主要区别于在文库制备过程中检测方法及后续数据分析时算法不同。

（1）样本采集。为确保检测结果的可重复性，推荐进行两个或以上样本的重复检测。样本类型可为血液、新鲜组织、石蜡切片、ctDNA 及培养细胞等。

①癌症：采集患者癌组织细胞、癌旁组织和配对的外周血或正常组织细胞。

②其他疾病：患病组织或外周血细胞。

（2）DNA 文库构建。测序 DNA 文库是指连接测序接头的 DNA 片段，文库构建的关键是将基因组 DNA 随机打断成大小适中的片段。不同试剂盒 WGBS 建库方法略有不同，主要包括以下步骤：

①提取总 DNA 和质量检测。具体的样本需求量根据单个样本所需数据量而定，DNA 量太少则会造成后续实验回收量不足，传统的检测方法 DNA 需要量较高，DNA 量需达数微克以上，经过改良后仅需 50～100ng 样本即可进行检测。DNA 纯度要求 $OD_{260/280}$ 为 $1.8～2.0$，且无明显降解，同时应避免样本间的污染。

②基因组 DNA 片段化。基因组 DNA 检测合格后，将其随机打断成 100～500bp 的片段。

③DNA 片段加接头。DNA 片段末端修复、$3'$ 端加"A"尾，并连接甲基化修饰的测序接头，之后经电泳法等进行文库片段大小选择。

④重亚硫酸盐处理。DNA 片段经过末端修复、加"A"尾和加接头序列后进行重亚硫酸盐转换、脱盐处理及纯化，纯化时需仔细操作，尽量减少样本损失。重亚硫酸盐处理的效率是 WGBS 成败的关键。在转换前的样本中加入未甲基化的噬菌体 DNA 作为阳性对照，以质量比 1% 的量掺入被测基因组 DNA。数据分析时通过与 DNA 的参考基因组进行比对，统计 DNA 的平均甲基化水平，最后得出重亚硫酸盐处理后非甲基化 C 转换成 U 的转换率（100% 减去 DNA 平均甲基化水平），以评估转换效率，检测重亚硫酸盐转换的质量。

现有的 WGBS 建库方法先制备文库，再进行重亚硫酸盐转换。然而重亚硫酸盐转换过程会导致约 90% 的 DNA 模板丢失，造成建库起始量高但有效数据量低。改善重亚硫酸盐文库构建效率的一种方法是"预重亚硫酸盐处理"，即先进行重亚硫酸盐转换再制备文库，这种策略能够有效地规避重亚硫酸盐处理对文库的损伤，提高模板利用率，降低建库起始量，同时提高测序文库丰富度，增加有效测序数据。

⑤PCR 扩增。先通过 qPCR 分析优化 PCR 扩增循环数，使文库制备时的

PCR 重复最少，通常进行 10～15 个循环的 PCR 扩增。

⑥对构建的文库进行检测。文库检测包括文库定性和定量检测，即文库片段大小和文库浓度检测。文库片段大小检测可采用琼脂糖凝胶电泳或微流控芯片技术（如 Agilent 2100），文库浓度检测可采用 Qubit 定量荧光仪或 qPCR 技术，根据定量结果决定样本的上样量，两者检测合格后准备上机测序。

（3）高通量测序。目前市场上主要的高通量测序平台均可完成甲基化测序，如 Illumina 平台、Ion Torrent 平台等，可选择单端或双端测序（如 Illumina 2×100 或 150bp reads），测序操作根据不同测序平台的标准操作程序进行。理论上所有的 CpGs 均可被测序，但实际操作中会有部分位点难以覆盖或覆盖度低（1×～10×）。为保证甲基化检测结果的准确性，推荐有效测序深度 30× 以上，即有效数据量达到 90Gb 以上。

（4）数据分析。如何从测序的数据中获得有效的信息是甲基化测序研究中的重要问题。WGBS 测得的数据为 Fastq 格式，需要经过生物信息学分析才能获得胞嘧啶甲基化的信息。

①数据的质量控制。测序下机的原始数据包含有部分质量不高的 reads 及测序接头等。首先使用 FastQC 软件查看数据质量，包括 GC 含量（约 20%）及 PCR 重复（应<20%）；随后使用 Trimomatic 或 Cutadapt 软件去除接头、过滤低质量 reads 及进行碱基类型分布检查。碱基类型分布检查用于检测有无 AT、GC 现象。数据质量满足要求即可进行后续分析。

②序列比对分析。过滤后的数据首先需要与参考基因组进行比对。质控点：数据比对后需要统计比对率（至少应>70%）、唯一比对率、不同区域的甲基化率（在人类基因组的 CpG 区域甲基化率应>60%，其他区域甲基化率应接近 0）。如果在文库构建时加入了噬菌体 DNA，则需将测序数据比对到噬菌参考基因组并统计 DNA reads 的甲基化率（应接近 0）。

③WGBS 序列的比对。与其他高通量测序数据的比对有所不同，由于经重亚硫酸盐处理，未发生甲基化的 C 变成了 T，需使用甲基化测序特有的比对软件 Bismark、BS－Seeker、BSMAP 等将测序数据比对到参考基因组。不同平台数据处理过程均有其各自的算法，常用的 WGBS 比对工具有两种：一种是以 Bismark 为代表的 "three letter" 法，另一种是以 BSMAP 为代表的 "wild card" 法。Bismark 以 Bowtie 为基础将所有参考基因组和 reads 上的 C 变成 T（另一条链 G 变成 A）再来做比对，因为所有序列只剩下 3 个碱基，故名 "three letter"，该方法使用 3 个碱基比对，降低了序列复杂度和特异性，可能导致比对率降低，但是唯一比对的序列更准确。BSMAP 则以 SOAP 算法

为基础，不转换基因组序列，而是允许序列中的 C 和 T 比对到基因组上的 C，但是 C 不能比对到 T，提高了比对速度和比对效率，尤其是在一些重复区域，但可能导致高甲基化 reads 的比对率高于低甲基化的 reads（更多的 T），从而引入偏倚。

④甲基化位点识别。将测序 reads 比对到参考基因组，从而获得每个胞嘧啶的甲基化 reads 数和非甲基化 reads 数，利用软件如 Bismark Meth Tools 等对甲基化位点进行统计分析，获得甲基化位点分布信息，计算甲基化水平。

⑤个性化分析。数据分析还包括甲基化 C 中 CG、CHG、CHH 的分布比例统计，以及不同基因功能元件上甲基化位点分布统计、差异甲基化位点分析、差异甲基化区域分析、差异甲基化区域注释、差异甲基化区域相关基因的 GO 和 KEGG 分析。常用的分析软件包括 Methyl Kit CpG-MPs、QDMR、swDMR 和 Bis-SNP 等。

（二）简化代表性重亚硫酸盐测序

1. 检测原理

简化代表性重亚硫酸盐测序（RRBS）又称基于酶切消化的重亚硫酸盐测序，是将限制性长度选择、重亚硫酸盐转化 、PCR 扩增及克隆技术相结合的一项甲基化测序技术。该方法在重亚硫酸盐处理前使用限制性内切酶 Msp I（酶切位点为 CCGG）对样本核酸进行系统性酶切处理，去除 CG 含量低的 DNA 片段，从而使用较小的数据量富集到尽可能多的含 CpG 位点的 DNA 片段，降低研究成本，提高测序深度，增加检测准确性。

2. 检测流程

RRBS 的检测流程基本与 WGBS 一致，不同的是样本 DNA 在重亚硫酸盐处理前需用限制性内切酶消化处理，通常为 Msp I 内切酶。主要检测流程包括样本采集、核酸提取、测序文库制备（限制性酶切消化、末端修复、重亚硫酸盐转化、PCR 扩增）、文库检测、上机测序及数据统计分析。

RRBS 测序时，样本 DNA 经限制性内切酶消化后会产生长短不一的 DNA 片段，筛选 40～220bp 的片段用于下游步骤。因此，相比 WGBS，其可显著减少测序数据。通常 RRBS 可以捕获到约 80% 的 CpG 岛和 60% 启动子区域，但对基因组中重复序列和增强子序列的捕获效率较低。该方法所需 DNA 样本量较小，一般 500ng 左右即可。数据分析过程中需要注意 Msp I 酶切消化后产生的黏性末端在文库制备加"A"尾前会引入外源的胞嘧啶，在随后的甲基化统计时需先去除这部分数据。为得到较准确的测序结果，约需 10Mb 测序 reads 用于 RRBS 下游数据分析。与 WGBS 数据分析不同，其比对主要包括启动子区和 CpG 岛的覆盖分析及甲基化分析，随后进行差异甲基化区域（DMR）及 DMR 相关分析。比对软件中 RRBSmap 是基于 WGBS 测序中 Bsmap 软件专门为 RRBS 设计的比对方式，针对特定酶切片段，减小了参考基因组，提升了比对速度。

　　RRBS 是一种准确、高效和经济的 DNA 甲基化研究方法，通过酶切富集启动子及 CpG 岛区域，并进行重亚硫酸盐测序，可同时实现 DNA 甲基化状态检测的高分辨率和测序数据的高利用率。该方法在 DNA 甲基化研究中应用广泛，常用于对全基因组中已知的区域进行高精度和深度甲基化检测验证及新的甲基化位点挖掘，同时该技术也可用于比较不同细胞、组织、样本间高精度 DNA 甲基化修饰模式的差异。与 WGBS 相比，RRBS 划区进行检测，其检测量虽然大大减少，但在覆盖范围内，仍可达到单碱基分辨率。同时，RRBS 重复性好，对多样本的覆盖区域重复性可达到 85%～95%。因此，RRBS 可对不同细胞、组织、样本间的 DNA 甲基化修饰模式进行多个样本间的高精度差异分析，是一种准确、稳定、高效、高性价比的 DNA 甲基化研究方法。但是，RRBS 也存在酶切效率的问题，如果酶切不完全，即有些甲基化位点并未被切开，会导致结果的不全面。此外，它只能获得特殊酶切位点的甲基化情况，因此检测阴性不能排除样品 DNA 中存在甲基化的可能。

（三）甲基化 DNA 免疫共沉淀测序

1. 检测原理

　　MeDIP-Seq 是基于抗体富集原理进行测序的全基因组甲基化检测技术，主要用于比较不同细胞、组织、样本间的 DNA 甲基化修饰模式的差异，其原理是将不同样本的 DNA 抽提后，超声裂解为多个片段，然后用甲基化 DNA 免疫共沉淀技术，通过 5-甲基胞嘧啶抗体特异性富集基因组上发生甲基化的 DNA 片段，随后使用高通量测序技术对捕获的片段进行测序，比较不同样本间相同 DNA 片段序列的差异，从而鉴定出样本中的甲基化位点。

2. 检测流程

　　MeDIP-Seq 整体检测流程与 WGBS 类似，不同之处是样本无需进行重亚硫酸盐处理。MeDIP-Seq 在 DNA 文库构建时，将双链 DNA 变性解链为单链后，将 DNA 片段与 5-甲基胞嘧啶抗体反应，通过抗原抗体反应富集目的片段，从而构建甲基化 DNA 文库。检测流程主要包括样本采集、核酸提取、测序文库制备（DNA 片段化、末端修复、加"A"尾、双链 DNA 变性、抗体富集、PCR 扩增）、文库检测、上机测序及数据统计分析。推荐获取 60Mb 测序 reads，其数据统计分析与 WGBS 稍有不同。

MeDIP-Seq 的质量控制包括 DNA 片段化后进行定量及片段大小评估，5-甲基胞嘧啶抗体捕获后用 qPCR 法评估抗体富集特异性及效率，测序文库制备后用 qPCR 法对得率及文库大小进行质量控制。

数据统计分析包括测序数据的质量控制、序列比对分析、甲基化富集区域峰值检测、个性化分析（DNA 甲基化区域注释、多样本组间数据比较和差异 DNA 甲基化区域的确定、差异 DNA 甲基化区域功能分析）等。

（1）测序数据的质量控制。测序下机的原始数据包含一部分质量不高的 reads 及接头序列等。需去除接头污染序列、过滤低质量 reads，并查看数据质量情况，数据质量满足要求即可进行后续分析。

（2）序列比对分析。数据过滤后首先需要与参考基因组进行比对，利用软件 MAQ SOAPaligner/SOAP2 等将测数据比对到参考基因组，统计测序深度，进行 reads 分布、覆盖度及 shift size 计算，通过与基因组匹配的 reads 来识别甲基化峰，不同平台数据处理过程均有其各自的算法。

（3）甲基化富集区域峰值检测。根据甲基化富集区信号峰值（peak）进行分析，利用软件如 MACS、PeakSeq、FindPeaks 等对甲基化富集区分布进行统计分析，获得甲基化位点信息。根据富集峰相对于基因的位置，可将峰分为五类：启动子峰、上游峰、内含子峰、外显子峰、基因间峰。

（4）个性化分析。个性化分析包括 DNA 甲基化区域注释，如邻近基因区域及功能注释区域保守性检测，甲基化区域内碱基序列识别（如已知转录因子基因序列识别及 De novo 基因序列搜索），多样本组间数据比较和差异 DNA 甲基化区域确定，差异 DNA 甲基化区域功能分析。

MeDIP-Seq 具有针对性，可有效降低测序费用，其直接对甲基化片段进行测序和定量，数据分析也相对容易，对复杂基因组 DNA 甲基化检测具有优势，且能快速高效地评估全基因组范围内的 DNA 甲基化。缺点是：①缺少单一 CpG 二核苷酸的信息。因其不能有效地富集低 CpG 含量 DNA 片段，需要依据基因组不同区域 CpG 的密度进行校正；②抗体可能存在交叉反应，富集的序列并非目的序列，会出现检测结果不可验证的情况。

除利用5-甲基胞嘧啶抗体捕获甲基化DNA外，甲基化CpG结合蛋白也能很好地富集高甲基化DNA片段（GIs）并结合高通量测序对富集的DNA片段进行测序，这种方法称为甲基化DNA富集结合高通量测序（methylated DNA binding domain sequencing，MBD-Seq），可检测全基因组范围内100～1000bp的甲基化位点。需注意的是，MBD-Seq捕获的为双链甲基化DNA片段。MBD-Seq技术的特点是可适用于提取DNA量较少的样本，如新鲜冰冻组织及石蜡包埋样本等。MeDIP-Seq及MBD-Seq均无法获得单碱基分辨率的甲基化信号，只能通过富集峰来判断某区域是否存在甲基化，无法得到绝对的甲基化水平，因此适合于样本间的相对比较。

以上3种方法对DNA甲基化的检测各有优缺点，需依据检测通量、分辨率、基因组大小、成本、生物信息学分析、样本量大小、覆盖度等选择不同的方法。例如，针对一些基因组较小的物种进行全基因组DNA甲基化模式研究时，如需要得到高分辨率、高特异度及高敏感度等较高要求的信息，可以选择WGBS，反之可选择RRBS或MeDIP-Seq。

第四节　宏基因组测序

宏基因组学（metagenomics）又叫微生物环境基因组学、元基因组学，其概念于1998年由美国威斯康星大学植物病理学家Handelsman提出，指环境中所有微生物基因组的总和。基于宏基因组学和高通量测序技术，可直接从环境样本中提取全部微生物的DNA或RNA，构建宏基因组文库并测序获得样本中全部微生物的遗传信息。利用宏基因组学的研究策略可研究环境样本所包含的全部微生物的遗传组成、群落功能等。宏基因组二代测序（mNGS）技术与传统的细菌培养不同，它直接从临床样本中提取全部微生物的DNA，通过高通量测序的方法对临床样本中的微生物进行分析。2016年美国食品药品管理局（FDA）指出，mNGS可用于微生物鉴定，检测耐药性和毒力。在新发、突发、复杂及混合感染的病原体实验室诊断中，其临床参考价值更为突出。mNGS技术规避了绝大多数病原体不能培养或难培养的缺点；直接检测临床样本中的病原体核酸，解决了新发或罕见病原体鉴定难的问题；能覆盖更全、更广的病原体种类，克服了常规分子诊断技术需要事先知道基因靶标的困难。

病原体 mNGS 有其特殊性，如核酸提取前人源宿主核酸的去除、基于痕量/微量病原体核酸（如病毒）文库的构建、数据分析中基因组数据库的建立、报告解读中不同样本来源各种病原体检出阈值的设定、实验室间比对的实施等。构建高效快速的实验流程和数据分析流程、设计合理可行的性能确认方案、积极充分的临床调研和沟通等，都是实验室开展项目前的必要工作。

一、样本制备

样本制备的关键是样本的处理、遗传物质的分离和富集，其中最关键的是提取到能够代表该环境的高纯度样本，并除去干扰。富集微生物及去除非目的性的细胞和遗传物质是分离高质量遗传物质的前提，提取高纯度、能代表特定环境的遗传物质是宏基因组学研究过程中的最大难题。正切流过滤系统、差异过滤、梯度离心、空心纤维过滤、DNA 酶和 RNA 酶处理、序列非依赖的单引物扩增等技术可用于样本制备，而 SYBR 金染色法可用于实时监测处理样本中病毒颗粒的数量。

二、宏基因组文库构建

目前，病毒宏基因组文库构建主要有载体克隆文库和基于高通量测序技术的加接头文库。随着深度测序技术的不断发展，二代高通量测序技术、三代单分子测序技术已经广泛地应用于各项研究领域中，以罗氏 454 测序技术和 Illumina 测序技术为代表的二代测序技术得到迅速推广，并用于构建病毒宏基因组文库。

三、数据分析与处理

病毒宏基因组文库中包含兆级（Mb）的短序列片段，通过不同的序列拼接软件可将其拼接为较长的 DNA 序列片段（contig）。数据组装可通过 K-mer 分析评估各个样本的测序深度，通过对 SOAPDE 设置不同的 K 值，筛选最佳组装结果，对最优组装结果进行校正，并统计 reads 利用率。接着利用已测序生物体的 DNA 序列构建数据库，将拼接后的 Contigs 通过不同的鉴定方案，与数据库里的 DNA 序列信息进行比对，确定该序列来自的生物群落，筛选有用的基因信息。此外，还可以用一些工具对序列进行基因预测。

（潘明　冯玉亮）

参考文献

[1] Head S R，Komori H K，LaMere S A．et al．Library construction for next-generation sequencing：overviews and challenges ［J］．Biotechniques，2014，56 (2)：61−64，66，68．

[2] Kulski J K．Next-Generation SequencingAn Overview of the History，Tools，and "Omic" Applications ［M］．//Next Generation Sequencing-Advances，Applications and Challenges．Address：IntechOpen，2016．

[3] van Dijk E L，Jaszczyszyn Y，Thermes C．Library preparation methods for next-generation sequencing：tone down the bias ［J］．Exp Cell Res，2014，322 (1)：12−20．

[4] Podnar J，Deiderick H，Hunicke-Smith S．Next-generation sequencing fragment library construction ［J］．Curr Protoc Mol Biol，2014，107 (107)：1−7．

[5] Linnarsson S．Recent advances in DNA sequencing methods-general principles of sample preparation ［J］．ExpCell Res，2010，316 (8)：1339−1343．

[6] Seiler C，Sharpe A，Barrett J C，et al．Nucleic acid extraction from formalin-fixed paraffin-embedded cancer cell line samples：a trade off between quantity and quality? ［J］．BMC Clin Pathol，2016，16 (1)：17．

[7] Stemmer C，Beau-Faller M，Pencreac'h E，et al．Use of magnetic beads for plasma cell-free DNA extraction：toward automation of plasma DNA analysis for molecular diagnostics ［J］．Clin Chem，2003，49 (11)：1953−1955．

[8] Glanville J，D'Angelo S，Khan T A，et al．Deep sequencing in library selection projects：what insight does it bring? ［J］．Curr Opin Struct Biol，2015，33：146−160．

[9] Kitcher M．Kelso J．High-throughput DNA seguencing-concepts and limitations ［J］．Bioessays，2010，32，524−536．

［10］ Liu L，Li Y，Li S，et al. Comparison of next-generation sequencing systems ［J］. J Biomed Biotechnol，2012：251364.

［11］ Gipodwin S. McPherson J D，McCombie W R. Coming of age：ten years of next-generation sequencing technologies ［J］. Nat Rev Genet，2016，17：333－351.

［12］ Masoudi-Nejad A，Narimani Z，Mosseinkhan N. Next generation sequencing and sequence assembly-Methodologies and Algorithms ［M］. New York：Springer，2013.

［13］ Sultan M，Amstislavskiy V，Risch T，et al. Infiluence of RNA extraction methods and library selection schemes on RNA-seq data ［J］. BMC Genomics，2014：15675.

［14］ Shi X，Chen C H，GaO W，et al. Parallel RNA extraction using magnetic beads and a droplet array ［J］. LabChip，2015，15（4）：1059－1065.

［15］ Adam N M，Bordelon H，Wang K K，et al. Comparison of three magnetic bead surface functionalities for RNA extraction and detection ［J］. AS Appl Mater Interfaces，2015，7（11）：6062－6066.

［16］ Chen Z，Duan X. Ribosomal RNA depletion for massively parallel bacterial RNA-sequencing applications ［J］. Methads Mol Biol，2011，733：93－103.

［17］ Hrdlickova R，Toloue M，Tian B. RNA-Seq methods for transcriptome analysis ［J］. Wiley Interdiscip Rev RNA，2017，8（1）：10.

［18］ Zhao W，He X，Hoadley K A，et al. Comparison of RNA-Seq by poly（A）capture，ribosomal RNA depletion，and DNA microarray for expression profiling ［J］. BMC Genomics，2014，15（1）：419.

［19］ Adiconis X，Borges-Rivera D，Satija R，et al. Comparative analysis of RNA sequencing methods for degraded or low-input samples ［J］. Nat Methods，2013，10（7）：623－629.

［20］ Wang K C，Chang H Y. Molecular mechanisms of long mincoding RNAs ［J］. Mol Cell，2011，43（6）：904－914.

［21］ Metpally R P，Nasser S，Malenica L，et al. Comparison of analysis tools for miRNA high throughpu（sequencing using nerve crush as a model

[J]. Front Genet，2013，4：20.

[22] Camphell J D，Liu G，Luo L，et al. Assessment of microRN/A differential expression and detection in multiplexed small RNA sequencing data [J]. RNA，2015，21（2）：164—171.

[23] Dobin A，Davis C A，Schleshinger F，et al. STAR：ultrafast universal RNA-seq aligner [J]. Bioinformatics，2013，29（1）：15—21.

[24] Schena M，Shalon D，Davis R W，et al. Quantitative monitoring of gene expression patterns with a complementary DNA microarray [J]. Science，1995，270（5235）：467—470.

[25] Reik W，Santos F，Dean W. Mammalian spienomies：reprogrammins the genome for development and therapy [J]. Theriogenology，2003，59（1）：21—32.

[26] Bird A. DNA methylation patterns and epigenetic memory [J]. Genes Dev，2002，16（1）：6—21.

[27] Stirzaker C，Taberlay P C. Statham A L，et al. Mining cancer methylomes：prospects and challenges [J]. Trends in Genetics，2014，30（2）：75—84.

[28] Bird A. The essentials of DNA methylation [J]. Cell，1992，70（1）：5—8.

[29] Burstein H J，Schwartz R S. Molecular origins of cancer [J]. N Eng J of Med，200，358（5）：527.

[30] Grunau C，Clark S J，Rosenthal A. Bisulfite genomic sequencing：systematic investigation of critical experimental parameters [J]. Nucleic Acids Res，2001，29（13）：E65—5.

[31] Miura F，Ito T. Highly sensitive targeted methylome sequencing by post-bisulfite adaptor tagging [J]. DNA Res，2015，22（1）：13—18.

[32] Miura F，Enomoto Y，Dairiki R，et al. Amplification-free whole-genome bisulfite sequencing by post. bisulfite adaptor tagging [J]. Nucleic Acids Res，2012，40（17）：e136.

[33] Ziller M J，Hansen K D，Meissner A，et al. Coverage recommendations for methylation analysis by whole-genome bisulfite sequencing [J]. Nat Methods，2015，12（3）：230—232.

[34] Krueger F，Andrews S R. Bismark：a flexible aligner and methylation caller for Bisulfite-Seq applications [J]. Bioinformatics，2011，27 (11)：1571−1572.

[35] Xi Y，Li W. BSMAP：whole genome bisulfite sequence MAPping program [J]. BMC Bioinformatics，2009，10：232.

[36] Chatterjee A，Stockwell P A，Rodger E J，et al. Comparison of alignment software for genome-widebisulphite sequence data [J]. Nucleic Acids Res，2012，40 (10)：e79.

[37] Kunde-Ramamoorthy G，Coarfa C，Laritsky E，et al. Comparison and quantitative verification ofmapping algorithms for whole-genome bisulfite sequencing [J]. Nuclei Acids Res，2014，42 (6)：e43.

第四章　基因测序流程

完整的基因测序包括样本前处理及核酸提取、文库构建、上机测序、数据分析处理等步骤，整个操作流程较长，技术复杂，每一步操作均有可能对后续的结果造成影响，前端步骤的操作不当甚至可能直接导致上机测序失败。为确保基因测序的顺利进行，每个步骤都需要严格控制质量、把控细节，同时在硬件、软件方面有科学可靠的支撑。本章从实验室设计及注意事项、实验操作过程（湿实验）、数据分析过程（干试验）等三个方面进行阐述。

第一节　实验室设计及注意事项

对应高通量测序实验的步骤，实验室应至少包括样本前处理及核酸提取室、文库构建实验室、测序室、数据分析室，可按各功能区独立、方便工作、因地制宜的原则布置。样本前处理及核酸提取室、文库构建实验室、测序室尽量单向流动，由于测序数据的可传输性，数据分析室可灵活设置。

一、样本前处理及核酸提取室

含有病原微生物样本的前处理及核酸提取，一般依赖于专门的生物安全实验室，特别是含有高致病性病原微生物的样本的处理，需要严格遵守生物安全要求，在相对应生物安全等级的实验室进行。因此，建议涉及病原微生物处理的高通量测序实验室应有配套的与待处理病原微生物危险等级相对应的生物安全实验室，相应等级的病原微生物实验室的建设与布局，可参考并遵守生物安全实验室建立的相关法律法规、规范及标准。

二、文库构建实验室

文库构建过程烦琐，实验操作步骤多，使用的仪器、试剂及耗材多。文库构建通常涉及核酸的进一步处理（酶切、消化）、目的序列富集、PCR 扩增及产物纯化等过程，整个过程中容易产生大量的核酸污染、标签污染、扩增产物污染，因此文库构建实验室应合理分区，至少应设置试剂准备室、扩增前（Pre－PCR）建库室和扩增后（Post－PCR）建库室，各室应当有缓冲间，保证合理的工作走向，防止污染。如文库构建过程中涉及超声打断步骤，宜单独设定超声打断室。

三、测序室

测序室用于放置测序仪进行测序，应独立设置，房间面积不宜过大，保持良好的温度和湿度，保证一定的室内空气循环，避免阳光直射。

四、数据分析室

根据不同的测序仪型号和测序芯片，高通量测序运行一次可产生从少至几百 MB 多至几 TB 的数据。由于数据量大，高通量测序产生的数据一般交由专门的高性能计算机，即数据处理服务器进行运算和处理。高通量测序仪由于测序时实时产生的原始数据量大，测序仪厂家一般建议在测序时实时传输数据至数据处理服务器，即边测序边传输，因此数据分析室可设置在实验室区域测序室附近，也可以通过网络配置，将数据分析室设置在办公区内。数据分析室由于运行有高性能服务器，应能保持适宜的温度和湿度及良好的通风，同时应保证数据分析室环境的清洁。此外，一般为保障服务器连续工作的电力需求，应为服务器配备适宜功率的不间断电源（UPS）以稳定电压和应对停电时期的需求。

第二节　湿实验

高通量测序的应用场景和范围广泛，涉及专业众多，不同类型和质量的样本提出的测序需求迥异，这对高通量测序是一个较大的挑战。样本核酸提取是高通量测序的第一步，从核酸提取开始，每一个步骤对最终测序结果的影响都会通过一步步操作逐步放大。为确保高通量测序的准确与高效，需要从第一步核酸提取开始做好质量控制。

一、核酸提取及其注意事项

高通量测序检测技术首先面临的问题就是如何从复杂多样的生物样本中迅速有效地分离和提取所需要的基因组核酸，抽提得到的核酸浓度及其完整性都直接关系到后续的文库质量及测序的成功率。

常用的核酸提取方法是使用物理、化学或生物酶的方法裂解样本，释放样本中的核酸，并对其进行纯化，使核酸与裂解体系中的其他成分（如蛋白质、多糖、脂类等其他组织或细胞成分）彻底分离。在保证核酸一级结构完整性的同时，尽可能去除其他分子的污染，同时防止外界环境（如灰尘、气溶胶、RNA 酶）的污染。

核酸提取包括样本前处理和核酸提取纯化步骤。常见的样本类型：拭子、痰、尿液、血清、血浆类；人体或动物组织；石蜡包埋的病理组织切片。不同类型的样本，需要选择不同的样本前处理方式。

血液、拭子样本可直接进行核酸提取；新鲜动物组织样本应通过物理和（或）化学的方法，将新鲜的动物组织处理成粉末或匀浆，重悬于生理盐水（0.9％氯化钠溶液）或磷酸缓冲液中，振荡混匀以备用；甲醛固定动物组织样本应先脱醛，然后再通过物理和（或）化学的方法，将待检样本处理成粉末或匀浆，重悬于生理盐水或磷酸缓冲液中，振荡混匀以备用；石蜡包埋动物组织样本应先脱蜡，然后再通过物理和（或）化学的方法，将石蜡包埋动物组织处理成粉末或匀浆，悬浮在生理盐水或磷酸缓冲液中，振荡混匀以备用。

建议直接选用磁珠法或膜（柱）法吸附原理的商品化试剂盒进行核酸提取与纯化。需要注意的是，应根据样本类型，选择能充分破碎细胞壁、高效裂解细胞及微生物的试剂盒，也要根据待测序目的的核酸性质（DNA 或 RNA），选择相应的试剂盒。

提取后的核酸，最好立即进行文库构建。如无法立即进行文库构建，或者需要对剩余核酸进行保存，建议将核酸分装后放置在低温（DNA 放置于$-20℃\sim-30℃$，RNA 放置于$-70℃\sim-80℃$）环境保存，避免反复冻融。

二、文库构建及其注意事项

目前主流的测序仪均不能对提取得到的原始核酸（DNA 或 RNA）直接进行测序，需要对原始核酸样本进行一系列的处理，转化为能与测序仪测序芯片匹配的核酸片段后，测序仪才能对核酸片段进行测序和数据读取。此外，目前除 Nanopore 测序仪有 RNA 测序芯片，可直接对 RNA 进行测序外，其他主流的测序仪均只能直接进行 DNA 测序。

文库构建就是根据不同的测序目的选择相应的文库构建方法，将待测序的样本/克隆的原始核酸或 PCR 产物转化为能被对应的测序仪识别的序列片段的过程。

根据样本类型和高通量测序目的，有许多不同的文库构建方法，相应地，其测序下机数据分析方法和流程也不同。同一类文库构建方法，在具体操作步骤层面，不论是用户自行搭建的试剂盒与操作流程，还是商品化的建库试剂盒，其操作方法与流程各不相同，且目前行业内还没有一个公认的"标准"的文库构建流程。不同用户在进行文库构建时，往往会结合自身的高通量测序目的和专业需求，对文库构建方法进行改良，或者选择更贴合自身需要的商品化建库试剂盒，以实现自身测序目的。

本章着眼于病原微生物的高通量测序，着重从发现病原微生物和确定病原微生物角度来介绍文库构建。目前发现的能导致动植物感染的病原微生物有细菌、放线菌、衣原体、支原体、立克次体、螺旋体、病毒、朊粒等。除朊粒不含有核酸外，其他病原微生物均含有核酸，而核酸按脱氧与非脱氧分为 DNA 和 RNA。针对核酸建库的方法多种多样，但大的分类可以分为 DNA 建库和 RNA 建库。

（一）DNA 建库

虽然不同的测序实验室搭建的和商业化试剂盒的 DNA 文库构建流程各不相同，但大多数包括以下步骤：DNA 纯化—片段化—修复—加尾—添加接头—纯化—获得文库。

1. DNA 纯化

用于测序的 DNA 需要有一定的浓度（即起始量），结构完整，未降解或者降解部分少，纯度高，不含有或仅有少量的非核酸类物质，以减少或避免对后续文库构建和测序反应的干扰。不满足建库纯度条件的 DNA，需要再次进行纯化。长片段的 PCR 产物也可用于文库构建，使用前也需要对 PCR 产物进行纯化。用于文库构建的 DNA 纯化方法，主要有磁珠法纯化和柱（膜）法纯化。虽然纯化方法名称与核酸提取原理类似，但 DNA 纯化原理和核酸提取原理并不完全相同。

2．片段化

由于二代测序仪测序原理的限制，相较于一代和三代测序仪，其测序的读长都不长，主流的二代测序仪片段读长在 150~600bp，因此对构建用于上机的文库，长度都有限制。较长的 DNA 一般需要被转化为短片段的 DNA 才更合适用于建库。三代测序仪虽然能做到长读长，但在一些应用场景中，也有将 DNA 转化为短片段的操作。DNA 转化为短片段有两种主流的方法，技术流程稍有差别。

（1）方法一：物理打断法（超声打断法）。

物理打断法一般是应用超声波的功能将 DNA 进行物理打断。超声波的频率和间隔时间、总时间与得到的 DNA 的片段长度有关。物理打断的 DNA，由于其断端化学基团不完整，会影响后续的操作。因此，物理打断的 DNA 需要修复酶进行末端修复和补齐。

（2）方法二：酶切法。

酶切法是应用酶切的方式将 DNA 酶切为小片段。DNA 的输入量和酶切反应的时间与酶切后得到的 DNA 的片段长度有关。酶切后得到的片段，一般不会出现断端化学基团不完整的情况，根据酶的酶切特性决定是否需要进行末端补齐。

相比于酶切法，物理打断法能做到真正的"随机"打断，对核酸的打断部位无选择性或偏向性，构建的文库的均一性较好，但相比之下物理打断法操作步骤烦琐，实际工作中更倾向于选择酶切法。

3．加尾

在修复好的 DNA 片段两端，通过加上一个尾短序列（加尾），给后续接头的连接提供连接点。

4．添加接头

通过连接反应，将接头与加尾的 DNA 片段连接，形成完整的文库。接头一般包含一段与测序仪芯片匹配的序列和一段特异性的用于不同样本之间互相区别的序列，通常称为标签序列（index 或 barcode）。

5. 上机测序

添加好接头的文库，经过纯化和定量后，就可以进行上机测序了。

（二）RNA 建库

RNA 建库流程一般为：RNA 逆转录为 DNA—片段化—修复—加尾—添加接头—纯化—获得文库。

目前除 Nanopore 外的其他测序仪，均只支持 DNA 测序，且 Nanopore 的 RNA 测序芯片，也暂未大规模上市。在 RNA 直接测序技术完全成熟之前，RNA 测序大多是将 RNA 逆转录成 DNA，在 DNA 建库的基础上进行 RNA 测序。主流的操作是在得到纯化后足够浓度的 RNA 后，通过逆转录，将 RNA 转变为 DNA，再进行 DNA 文库构建。

RNA 逆转录一般分为随机引物逆转录和特异性引物逆转录。

（1）随机引物逆转录一般使用随机引物六聚体，在逆转录酶的作用下，将 RNA 模板逆转录为 cDNA（第一链），再在第一链的基础上合成第二链，成为双链 DNA。

（2）除随机引物逆转录外，也可通过使用与 RNA 序列互补的特异性引物，在逆转录酶的作用下，将 RNA 逆转录为单链 cDNA，在单链 cDNA 的基础上生成第二链，完成从 RNA 到双链 DNA 的转变。

RNA 转变为 DNA 后，随后的建库流程与前述 DNA 建库流程一致。待测序的 RNA 最终以 DNA 文库的形式在测序仪上进行测序，得到的序列也是相对应的 DNA 序列。

上述 DNA 和 RNA 建库的流程为一般的常规流程，在不同研究领域、不同样本类型、不同测序目的，以及不同的测序平台下，会有针对性地调整或优化，形成相应的独特建库流程。

（三）宏基因组测序建库方法应用于新型冠状病毒检测

宏基因组学原本是对特定环境或样本中总体基因组进行研究，在将该方法应用到病毒的高通量测序后，发展出了病毒宏基因组（meta-virome），即宏病毒组测序技术。

与一般高等级微生物同时含有 DNA 和 RNA 不同，病毒一般只含有 DNA

或 RNA 中的一种。按照病毒含有的核酸类型，病毒可分为 DNA 病毒和 RNA 病毒两大类。DNA 病毒分为单链 DNA 病毒、双链 DNA 病毒、逆转录 DNA 病毒。RNA 病毒分为双链 RNA 病毒、单正链 RNA 病毒、单负链 RNA 病毒、逆转录 RNA 病毒。

宏基因组测序方法用于未知病原微生物检测时，需要考虑到病原微生物既可能是高等级真核生物，也有可能是病毒，且既可能是只含有 DNA 的 DNA 病毒，也有可能是只含有 RNA 的 RNA 病毒等情况。在进行基于此类样本的文库构建时，需要对样本同时进行 DNA 和 RNA 建库测序，后续的数据分析处理流程也要结合测序目的及文库构建的方法进行选择。

现已知新型冠状病毒（以下简称新冠病毒）是单正链 RNA 病毒，可以用 RNA 建库的方法进行建库，此方法得到的文库不仅包含样本中新冠病毒的核酸序列，也包含样本内可能含有的其他 RNA 病毒及细菌和宿主的 RNA 转录产物。

不同厂家生产的 RNA 建库试剂盒流程也不完全相同，举例如下：

NEB：mRNA 分离/rRNA 去除—mRNA 片段化—cDNA 第一链合成—cDNA 第二链合成—末端修复、加 dA 尾—连接接头—片段筛选—PCR 富集—纯化。（参考 https://www. neb. cn/products/next−generation−sequencing−library−preparation/next−generation−sequencing−library−preparation. ）

Kappa（Roche）：RNA 杂交—去除 rRNA—磁珠纯化—DNA 酶处理—磁珠纯化—文库制备。（参考 https://sequencing. roche. com/）

Nugen（Tecan）：总 RNA—cDNA 生成—SPIA 扩增—片段化及末端修复—加接头—文库扩增—rRNA 去除—文库扩增—待测序文库。（参考 https://lifesciences. tecan. com/）

操作者需要根据待测样本核酸的特点及测序目的选择适合自己实验室的试剂盒，按照操作步骤建库。

在文库构建使用非测序仪厂家提供的建库试剂盒时，需要注意选用与测序仪匹配的试剂盒。由于不同厂家的测序仪测序原理和测序芯片的接头序列并不相同，第三方公司生产的商品化建库试剂盒，一般能兼容常见主流测序平台的文库构建，或某一货号产品只针对某一种测序平台开发。前种试剂盒一般会将测序接头和标签序列等独立于试剂外，需要用户根据测序仪自行选配；后种试剂构建的文库仅供对应的测序平台使用。

通过上述方法得到文库后，各文库的浓度和片段长度一般各不相同，因此还需要对文库进行质量控制，测量各样本文库的片段长度和浓度，换算为摩尔浓度后，对各样本文库进行均一化和混样（pooling），具体方法参见本节

"四、过程质量控制"的内容。

该方法的优缺点：RNA 宏基因组文库构建方法，不仅可用于新冠病毒的测序，理论上也适用于大多数 RNA 序列的文库构建。此方法构建的文库，在测序通量和数据量足够的情况下，测序深度和覆盖度较为理想。但此操作方法得到的文库为宏基因组文库，文库中除新冠病毒核酸序列外，还可能含有其他序列，如宿主基因组序列、样本中其他微生物的序列，新冠病毒在样本中的核酸比例会直接影响新冠病毒在建好的文库中所占比例。在不进行针对性富集或基因去除的情况下，新冠病毒核酸的比例一般无法人工干预。

（四）扩增子建库方法应用于新冠病毒检测

扩增子建库，多指直接使用 PCR 扩增的产物进行建库。常用的扩增子建库方法如细菌 16SRNA 建库，其原理为，使用带有测序仪接头序列和测序标签序列的特异性引物，针对细菌的 16sRNA 区段直接进行 PCR 扩增。扩增后的产物经过纯化和均一化后，直接上机进行测序。此方法的前提是，细菌 16sRNA 区段有共同或相似的序列。由于病毒并不存在类似的结构，16sRNA 建库方法不能直接应用于病毒的扩增子建库。目前常用的病毒的扩增子建库是设计一系列的引物池，通过引物池中的引物对病毒的 cDNA 进行 PCR 扩增，得到双链 DNA 产物，经纯化后和定量后，再取一定量达到建库要求的纯化产物进行片段化、加接头和标签、筛选纯化得到待上机的文库。在整个扩增子建库操作步骤中，只有前端的 PCR 扩增需要扩增引物池的引物与病原微生物的序列相匹配，此步骤需要根据待测序病原微生物选择相应的引物池，得到双链 DNA 后的建构操作，为非序列依赖性操作，是一种通用操作。因此，此扩增子建库法在对应待测序病原微生物的序列修改前端的 PCR 引物池后，可以用于相应病原微生物的核酸扩增子建库。由于后端的双链 DNA 建库为通用操作，不具有试剂盒依赖性，因此扩增建库方法一般分为特异性（RNA 逆转录）扩增部分和通用的 DNA 建库部分，即 RNA 逆转录及 PCR 扩增—产物纯化及定量—DNA 建库。

1. 第一部分：新冠病毒特异性（逆转录）扩增

新冠病毒的测序一般要求全基因组测序，因此其扩增子引物池一般采用多重平铺引物设计（图 4-1）。用户可以自行设计合成新冠病毒扩增引物池，使用带高保真酶的 RNA 逆转录和 PCR 试剂盒，对 RNA 进行逆转录和扩增，得到双链 DNA。

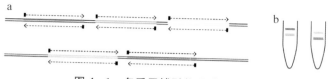

图 4-1 多重平铺引物设计原理图

〔引自：Quick J，Grubaugh ND，Pullan ST，et al. Multiplex PCR method for MinION and Illumina sequencing of Zika and other virus genomes directly from clinical samples. Nat Protoc. 2017 Jun；12（6）：1261-1276〕

除了用户自行设计合成的引物池，也有市售的商品化试剂盒可以选择。常见的市售新冠病毒商品化扩增子建库试剂盒厂家有北京微未来、华大基因、杭州柏熠、艾吉泰康等。这些试剂盒的设计原理与操作步骤类似。由于新冠病毒变异较快，应尽量选择能密切监控病毒变异情况、及时更新引物序列的产品，避免因病毒变异造成文库构建失败或者不全。用户使用自行合成的引物和基础试剂盒，或采用商品化试剂盒，将新冠病毒核酸转变为一定长度的 PCR 产物，得到的产物不能直接用于建库，需要对产物进行纯化〔磁珠法或纯化柱（膜）法〕后，再使用核酸定量设备进行定量，达到后续建库浓度要求的产物方可继续用于后续的 DNA 文库构建。此外，一些厂家也提供两步 PCR 扩增的方法来获得文库，第一次 PCR 获得适合测序长度的 PCR 产物，第二次 PCR 加上对应的标签和接头，经过纯化及质量控制，即得到可上机的文库。

2. 第二部分：双链 DNA 建库部分

此部分建议直接选择与测序仪匹配的建库试剂盒。如使用 Illumina 平台，建议直接选用 Illumina 系列建库试剂盒与标签试剂盒。如为华大平台或 Ion Torrent 平台，建议直接选择其对应的建库试剂盒和标签试剂盒。按照试剂盒的说明书进行后续 DNA 文库的构建。

按照试剂盒说明书的要求，输入一定量纯化的 PCR 产物，进行后续的片段化、加接头、加标签、筛选和纯化，即得到能上机测序的文库。当文库通过上机前的质量控制（文库片段长度和摩尔浓度）后，即可进行均一化和混合上机。

不同的测序仪和不同的测序芯片，对文库的浓度和体积有不同的要求。用户需要根据自己的实验需求选择适合的芯片，以及与芯片对应要求浓度及体积的文库，将文库做好处理后，加载到芯片上样孔（Ion Torrent 和 Nanopore）或测序试剂盒上样孔中（Illumina 和华大系列）。

华大和 ABI Ion GeneStudio 系列测序仪有配套的工作站。华大测序仪有配套的 MGISP-100 和 MGISP-960 文库构建工作站，Ion GeneStudio 配套有

Ion Chef。如用户在采购测序平台时，同时配置相应的工作站，可将一些建库及测序模板制备操作交由工作站来完成。

三、仪器操作及其注意事项

不同的测序平台测序仪的原理不同，其对应的建库操作步骤也会有所不同，具体的仪器操作方式也不相同。不同厂家的测序仪，或同一厂家不同型号的测序仪，其内部可能包含不同的光学系统、流路系统、气路系统、芯片温控模块等。仪器工作时，各系统各自分工，又互相配合，完成既定的测序任务。带有光学系统和流路系统的测序仪，一般不能随意移动，或者移动后，需要工程师重新对流路系统和光学系统进行校准。测序仪属于精密仪器，平时需要注意按保养周期和保养手册进行定期维护和保养。

测序仪通常放置在测序室内，其运行时对所在环境的温度和湿度均有一定要求，一般说来，测序仪运行的环境温度在 19℃～25℃，空气湿度在 30%～70%，且不能有较大的波动。测序仪在开机运行前，应当调节运行环境的温湿度达到要求。用户需要熟悉自己实验室测序仪平台的维护保养方式。

在文库上机测序前，测序仪需要进入一个准备测序的状态，包括测序仪准备、测序试剂准备、上机清单编辑、装载测序芯片，最后运行测序仪（不同测序仪的步骤顺序不完全相同）。

（一）Illumina 平台

Illumina 平台的大多数型号的测序仪开机后需要用吐温稀释液对流路系统进行清洗，完成清洗后仪器才能进入测序工作模式。但也有部分测序仪内部不含流路系统（流路系统整合到了测序试剂盒中，如 NextSeq1000/2000、iSeq 平台），无需进行测序前的清洗。仪器长时间不用时应对仪器进行清洗后关机，较长时间不用则建议将仪器调整为待机（Standby）模式（如 Miseq）。

Illuimina 测序仪的各项测序参数和样本标签信息设置可以通过 IEM（illumina experiment manager）软件生成 CSV 文件，或者直接编辑一个 CSV 文件来完成，也可以通过测序仪自带的 LRM（local run manager）软件来完成设置。

上机测序前需提前融化测序试剂盒，测序芯片也要做好室温平衡和清洁，制备文库的浓度和体积要符合测序芯片的最佳运行范围。将文库加至测序试剂盒上样（loading sample）孔后，将测序试剂盒和芯片装载到测序仪中，开始测序。

（二） 华大 MGI 测序平台

华大的测序平台需要用吐温稀释液和 NaOH 稀释液对流路系统进行清洗维护。开机后通过浏览器登录测序仪软件，进行测序前的各项测序参数和样本信息设置。提前融化测序试剂盒，并按说明在试剂盒中加入酶，充分混匀，室温平衡测序芯片。将准备好的 DNB 放置到 DNB 加载处，加载 DNB 开始运行测序。

（三） Ion GeneStudio S5

Ion GeneStudio S5 测序仪测序前需要进行测序仪的初始化操作。将新的测序反应液提前 45min 取出，平衡至室温。开机后等待机器启动。打开门后，将本次实验室要用的试剂替换掉仪器中用过的试剂，并清空废液缸；测序工作液和清洗液在混匀后分别挂置到相应位置；确认芯片架中有上一次实验使用后留下的正常芯片，然后开始初始化。

使用浏览器登录 Ion 服务器软件，进行测序前的各项测序参数设置。将加载好文库后的测序芯片，放置到测序仪芯片架上替换掉上一次使用的旧芯片，检查各项参数设置无误后，开始测序。完成测序后，仪器会自动进行数据分析和仪器清洗。

（四） Nanopore 平台

Nanopore 平台测序仪主流平台包含 MinION、GridION 和 PromethION 系列，各系列测序仪均不含有光学系统、流路系统及气路系统，因此，该平台的仪器可以移动，可以用于多种场景的现场测序工作。相对其他几种测序平台，Nanopore 平台测序仪对运行环境的要求不高，但仍建议用户将 GridION 和 PromethION 系列测序仪放置在室内运行测序。Nanopore 系列的测序仪通过配套的软件进行连接和操作，测序参数和样本标签信息等直接在软件内录入。Nanopore 测序仪没有测序试剂盒，只有配套的测序芯片。与测序芯片相关的酶和蛋白等在文库制备的过程中已经添加。将芯片装载到测序仪上，再将准备好的文库滴加到芯片上样孔后，即可开始运行测序。

（五） 注意事项

各种测序仪在运行时，都会有测序质量和参数监控界面。各个参数指标反映了测序仪的运行状态、测序数据产生情况等。用户在使用前、测序中、测序完成后的各阶段都应当随时关注测序仪的各项参数及产生数据量和质量是否在

正常范围内。

Illumina、华大 MGI、Ion GeneStudio S5 测序仪的数据包在测序完成且仪器完成数据的初级分析后才会生成。因此，在整个测序过程完成前，上述测序仪不能停止运行，否则由于信息不全，会造成当次测序的部分数据或全部数据无法使用；停止运行的测序任务也无法再重新恢复，测序试剂盒和芯片也不能重复使用。不同的是，Nanopore 系列测序仪能一边测序一边生成数据包，当生成的数据满足用户分析需求后，可以随时中止和重启测序，其芯片可以用专用的芯片清洗套装洗清后重新投入使用，如此反复，直至纳米孔活性不满足测序要求。

测序完成后，需要对测序仪进行相应的流路清洗及维护，测序废液需要妥善处置。

四、过程质量控制

从核酸提取开始，到测序文库混合后上机测序，流程中的每个操作环节都可能会对测序质量产生影响。而整个文库构建步骤过程长、操作烦琐，如果中间有操作失误，或者有的样本质量未达到上机建库测序要求，即便按说明书完成所有建库操作，也并不一定意味着建成的文库能成功上机，获得想要的测序数据；强行将未达到上机要求的文库用于测序，只会造成测序试剂和芯片的浪费。因此，整个文库构建的过程中，设立相应的质量控制点，对建库过程进行质量控制是必要的。在每个质量控制点，达到质量控制要求的文库才能进入接下来的操作；未达到当前质量控制点要求的文库，应当舍弃，不建议再继续进行后续建库及测序操作步骤。

（一）核酸提取的质量控制

1. 核酸纯度

待建库使用的核酸，必须不含污染性蛋白质和其他细胞物质、有机溶剂（包括苯酚和乙醇）和许多核酸分离方法中使用的盐。在提取核酸时，建议避免使用需要多种有机溶剂的产品和提取方法。如果使用了 TRIzol 等试剂，建议在提取后再次对核酸进行纯化。

常用的检测核酸纯度的方法为分光光度法，即检测 $OD_{260/280}$ 值。一般 DNA 纯度 $OD_{260/280}$ 值应为 1.7～1.9，RNA 样品的 $OD_{260/280}$ 值应在 1.8～2.2。

由于 OD 值受多种因素影响，通过吸光度比值来确定核酸纯度的方法，结果不完全准确。使用现在常规的磁珠法和纯化柱（膜）法试剂盒提取的核酸纯度，一般均能达到建库的要求，如果对核酸有特殊的纯度要求，应该用相应的试剂盒再次进行核酸处理和纯化。

另外，有的商品化试剂盒中含有核酸助沉剂，特别是 RNA 提取试剂盒中，可能会带有 Carrier RNA。由于不同试剂盒的助沉剂或 Carrier RNA 成分各不相同，试剂盒一般也不特别说明其成分，因此，为了不引入外源性核酸和其他成分，用于测序目的的核酸提取一般不加核酸助沉剂或 Carrier RNA。

2. 核酸的完整性

虽然理论上核酸可在低温长期保存，但是保存期间核酸仍不可避免地会有降解。而本身质量不高的样本，如保存时间过久或者保存不当（如反复冻融），核酸降解会更为明显。保证提取核酸的完整性，对于后续获得尽可能完整的病原微生物序列至关重要，因此在核酸提取方法选择上应尽量在保证核酸得率的同时，保证核酸一级结构的完整。

尽管 RNA 的完整度可以通过 RIN 值或 RNA IQ 值估算，但建议不管是DNA 还是 RNA 测序的文库构建，尽量在核酸提取纯化后立即开始，减少核酸降解。

3. 核酸的浓度

一般的商品化建库试剂盒都有一个输入 DNA 或 RNA 量的最佳范围。输入 DNA 或 RNA 的量在该最佳范围内，才能发挥建库试剂盒的最优性能。确定核酸的量，就需要对核酸的浓度进行检测，目前最常用的方法是核酸特异性结合染料定量法。常用仪器为 Qubit。

Qubit 有专用的针对 DNA 或 RNA 或蛋白的荧光染料，这些染料只有与其相对的靶分子（DNA 或 RNA 或蛋白）结合时才会发出荧光信号，Qubit 通过检测荧光信号，再与仪器内部建立的标准曲线比对，可通过公式换算出待测样本的核酸浓度。

常用的紫外分光光度检测核酸浓度的方法或相同原理的方法（如Nanodrop），因为检测误差大，不推荐使用。

新冠病毒扩增子建库方法中，PCR 扩增后的产物，经纯化后定量，如果浓度过高，需要稀释后再使用；如浓度达不到最低建库要求，则无法进行后续的操作，需要对核酸进行浓缩，或重新采集质量更高的样本。

（二）文库的质量检测

文库的构建往往操作步骤多，过程繁琐，而操作步骤中往往会有几个关键质量控制点，对保障测序质量与准确性至关重要。质量控制的要点在于片段的长度和浓度，一般需要对构建过程中和构建好的文库进行检测。

1. 文库长度检测

制备过程中或制备好的文库，需要进行文库长度的检测。一般检测方法为毛细管电泳，最常用的设备为 Agilent 2100 Bioanalyzer（或相近型号的仪器如4150），Agilent 4150 Bioanalyzer 文库片段峰图如图 4－2 所示。目前也有一些国产的毛细管电泳仪可供使用（如 Qsep 系列全自动核酸片段分析仪）。需要注意的是，在做文库长度检测时，需要根据文库的操作步骤判定文库的性质，确定是单链 DNA（ssDNA）还是双链 DNA（dsDNA），选择相应的检测芯片，才能确保结果的可靠性。

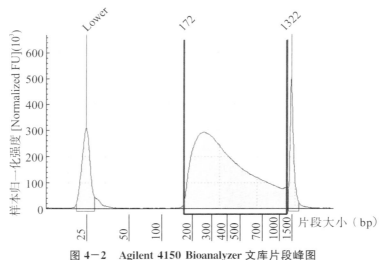

图 4－2 Agilent 4150 Bioanalyzer 文库片段峰图

一般制备的文库的片段分布情况，是以某个长度为峰值的类似正态分布，也有无明显峰值的连续分布，以各厂家给出的对应参考图为准。如果长度分布不符合要求，或者对片段长度有特殊要求，可以选用合适的方式进行片段长度筛选，如磁珠纯化或用基因片段回收仪进行特定片段回收。

2. 文库浓度

文库浓度的检测方法分为荧光染料法（Qubit，与核酸检测原理一致）和实时荧光定量 PCR 法（含数字 PCR 法）。分光光度法或 Nanodrop 法的误差大，不推荐使用。

（1）荧光染料法。

荧光染料法以 Qubit 为代表，也有其他厂家生产的相似类型的仪器可供选择。用 Qubit 做文库浓度检测时，需要注意文库中 DNA 状态是 dsDNA 还是 ssDNA，以选用针对 dsDNA 或 ssDNA 的检测试剂盒，用错试剂盒会导致计算的浓度出错，甚至仪器因检测不到信号而报错。

（2）实时荧光定量 PCR 法。

实时荧光定量 PCR 法是通过实时荧光 PCR 定量的方法来检测并计算文库浓度的方法。与传统的实时荧光 PCR 只定性不同（通过 Ct 值能间接反映起始模板量），qPCR 法通过建立标准曲线，将样本的 Ct 值换算为浓度值（摩尔浓度），对待测样本进行准确定量。

实时荧光定量 PCR 法用于文库定量的原理：构建好的文库两端含有与测序仪芯片配套的接头序列，而 qPCR 检测试剂盒内含有的引物序列与文库两端的接头序列互补，在这种 qPCR 体系中，扩增可以正常进行。通过使用试剂盒中自带的不同浓度的标准品，绘制标准曲线，把待测文库的 Ct 值代入标准曲线换算，即可得到文库的准确浓度。由于 qPCR 能成功扩增的文库两端必定带有对应的接头序列，因此，理论上 qPCR 定量得到的浓度比荧光染料法检测得到的浓度更加准确。除了使用 qPCR 绘制标准曲线进行绝对定量外，也可以通过类似原理，使用数字 PCR 技术直接对文库进行定量。当然，此原理也决定了 qPCR 或数字 PCR 只能用于已经加好测序接头的文库的定量，不能用于普通核酸的定量和建库中间产物的定量。

另外，文库片段长度一般是以某个长度为中心的一个类正态分布，而 qPCR 试剂盒中的标准品通常为一特定长度的 DNA 片段，因此，通过 qPCR 得到的文库浓度（一般是摩尔浓度）还需要校准，经校准后得到文库的摩尔浓度才能直接应用。

$$文库浓度＝qPCR 计算浓度 \times \frac{标准品长度（bp）}{文库长度（bp）}$$

和荧光染料法检测文库需要注意文库是 dsDNA 还是 ssDNA 一样，qPCR 检测文库浓度也需要注意此问题，也需要注意特定平台上机时的文库浓度是指的 dsDNA 还是 ssDNA 浓度。

荧光染料法检测文库的优点在于，操作方便，可快速得到结果，可用于核酸、建库中间产物和文库的浓度检测。由于其检测原理决定了其无法判定文库是否成功加有接头，因此其检测结果的准确度不如 qPCR 高。由于该方法检测结果一般为质量浓度，需要结合文库的片段长度，将质量浓度转化为摩尔浓度。

qPCR（含数字 PCR）能对加好接头的文库进行准确定量，未加好接头的文库不会被扩增，因此 qPCR 法可得到最准确的文库摩尔浓度。该方法只能用于检测已经构建完毕的文库，操作过程中需要绘制标准曲线。由于标准曲线线性范围限制，通常还需要对待检测的文库进行多倍稀释，因此导致整个 qPCR 检测过程较长，操作烦琐。为了保证 qPCR 定量的准确性，需要对每一次 qPCR 扩增的标准曲线的 R 值和 PCR 扩增效率进行评估，如果两个指标不在正常范围内（通常标准曲线 R^2 不低于 0.99，扩增效率 e 在 90%～110%），就需要重新进行定量实验，对操作者的技术提出了较高要求。qPCR 法定量的结果也需要结合文库的片段长度进行校准。上述缺点限制了 qPCR 法在文库定量中的使用，多数实验室在测序过程中倾向于选择荧光染料法进行定量。

第三节　干实验

随着测序仪运行结束，在各项运行参数正常的情况下，依据不同的测序仪器和测序芯片，测序仪能产生数百 MB 甚至 TB 级的测序原始数据（raw data），而用户通常不能直接使用这些数据。

目前常用的测序仪一般都自带初级数据分析软件，在测序结束后，仪器通过自带的分析软件，将原始数据信号转化为碱基序列，这个过程叫碱基识别（base calling），再对转化后的数据进行拆分和打包，生成用户能使用的数据（一般为 Fastq 格式或类似格式）。一些第三方软件也支持直接从测序原始数据进行碱基识别，并拆分和打包。与产生的原始数据对应，这些 Fastq 格式数据包一般从几百 MB 到数 TB 不等。面对这些海量的数据，用户显然无法直接进行人工分析，需要借助高性能计算机完成相应的测序数据质量评估，以间接评价湿实验部分的完成质量。

鉴于样本来源与类型不同，用户建库方式的差别，测序目的的多样性，数据包内数据的内容及结构和组成也各不相同，相应地，其分析处理的理念、方法与流程也不相同。用户需要在结合样本情况、文库构建方法，以及对测序数据的充分了解之上，借助生物信息学工具开展专业分析。

（叶盛　文海燕）

第五章 生物信息学分析

第一节 生物信息学概述

21 世纪，生命科学进入快速发展时期。生物医学大数据的产生及随之产生的对这些数据深入挖掘的需求，下游应用如个性化医学、精准医学、精准防控的需求，推动生物信息学进入快速发展时期。

学界目前对生物信息学有多种定义，以下是常见的几种，其中林华安（Hwa A.Lim）作为生物信息学学科的先行者，其观点颇具代表性。

• 生物信息学是一门对遗传数据进行收集、分析及分享给研究机构的新学科。[1]（林华安，1987）

• 生物信息学是指数据库类的工作，持久的数据集，持久稳定地提供对数据的支持。[2]（林华安，1994）

• （分子）生物信息学：生物信息学可以认为是一种分子（物理化学所定义的）水平的生物学，并应用"信息技术"（如应用数学、计算机科学和统计学等学科），从更宏观的角度来理解和解读生物信息与这些分子间的关系。[3]（Luscombe，2001）

---

[1] Bioinformatics is a new subject of genetic data collection，analysis and dissemination to the research community.

[2] Bioinformatics refers to database-like activities，involving persistent sets of data that are maintained in a consistent state over essentially indefinite periods of time.

[3] （Molecular）bio-informatics：bioinformatics is conceptualising biology in terms of molecules（in the sense of physical chemistry）and applying "informatics techniques"（derived from disciplines such as applied maths，computer science and statistics）to understand and organise the information associated with these molecules，on a large scale.

生物信息学（bioinformatics）可以拆分为两个关键词，即生物（bio－）与信息学（informatics），指应用于生物领域的信息学。在此过程中，计算机领域的飞速发展为大数据分析创造了有利条件。生物信息学成为集合生物学、计算机科学与信息学技术的一门交叉学科，是研究生物信息采集、处理、存储、传播、分析和解释等各方面的学科，旨在揭示大量而复杂的生物数据所蕴藏的生物学奥秘。

一、发展与挑战

基因测序技术的快速发展，进一步推动了生物信息学的发展，与此同时也面临诸多挑战。海量数据的存储、传播、共享，进一步衍生出数据相关的伦理与安全问题；大数据对于运算速度的要求，用户的个性化分析需求，对软硬件都提出新的挑战；多组学的发展、多学科的整合对生物信息学人才提出更高要求，加剧人才紧缺。随着生物信息学相关学科（生物学、信息学、计算机科学）的快速发展，技术的瓶颈会被逐步突破，而随着市场的需求与学界的重视，生物信息学人才的培养有望进入快速轨道，共同推进生物信息学的发展。

二、生物信息学分析基础

（一）生物信息学的内涵

简言之，生物信息学是以信息学方法，基于计算机科学，研究生物学内容，具有高通量、数字化与系统性的特色。在具体实践中，生物信息学旨在完成对于生物学数据的一系列分析。

一些生物信息学教材将生物信息学的内涵归纳为序列比对、序列装配、基因识别、多肽和基因区间分析、RNA 表达分析、分子进化、结构预测与分子互作。

国际权威杂志《生物信息学》（*Bioinformatics*，图 5－1）曾根据生物信息软件功能将生物信息学分类如下：比对（alignment）、组装（assembly）、碱基识别（base calling）、染色质免疫共沉淀测序数据分析（chip－seq）、诊断应用（diagnosis）、分析流程工具（pipeline）、转录组测序（RNA－seq）、变异分析（variant detection）、其他（miscellaneous）。

图 5－1　《生物信息学》杂志网页

（二）软硬件环境

实现生物数据尤其是生物大数据的分析，对软硬件都有相应的要求，以确保分析的质量与速度。

NGS 生成的数据量一般较大，分析硬件需要有足够大的存储能力与运算能力。目前一般采用服务器进行相应的生物信息学分析。各实验室应根据自己的工作实际评估数据分析需求，结合数据存储与分析（软件）等需求，选择合适的服务器配置（如硬盘空间、内存、CPU 等）。值得注意的是，服务器配置并非越高越好，部分软件可能在兼容性上有所限制，在购买前应进行充分了解与评估。

在生物信息学领域，Linux 系统作为主流的运行系统，相比于 Windows 系统而言，具有更高的安全性、更大的灵活性、更快的运行速度，但其使用习惯与常规桌面交互方式有所不同，因而也要求使用者具备一些相应的计算机基础知识。Linux 系统官网目前显示有 25 个常见发行版本（https：//www.linux.org/pages/download/），大部分软件支持的常见版本为 Ubuntu、Deepin、CentOS 等。选择生物信息学软件或者相关软件时应注意选择对应版本。

随着测序平台的发展，单机测序仪产出的数据量也日益庞大（如华大智造近期推出测序平台 DNBSEQ－T20X2RS 单次运行下机数据可达 72TB），同时基因组学等各类组学研究蓬勃发展，产出的数据更是飞速增长，对数据的存储、运算提出更高要求。云计算平台的出现，为海量 NGS 数据的存储与分析提供了便利。根据美国国家标准与技术研究院（National Institute of Standards and Technology）的定义，云计算是一种利用互联网实现随时随地、按需、便捷地访问共享资源池（如计算设施、储存设备、应用程序等）的计算模式，其无限拓展、随时获取、按需使用的特点使其作为生物信息学应用平台具有明显优势，在未来有较大的应用前景。

（三）软件与程序语言

在实际工作中，生物信息学分析功能的实现，可以依靠软件或者程序语言。

《生物信息学》杂志官网（https：//academic. oup. com/bioinformatics/pages/next_generation_sequencing）对相关生物信息学软件根据功能进行分类，可供选择参考。能实现同类功能的软件近年来发展迅速，研究者可根据个人需求与使用偏好自行选择相应软件进行生物信息学分析。

与此同时，基于 R 语言的网站 Bioconductor（https：//www. bioconductor. org/）提供了相应的软件包，并且持续更新。版本 3.17（2023 年更新）提供 2230 种软件，另有注释数据 912 个、实验数据 421 个、工作流程 30 个（图 5-2）。

图 5-2　Bioconductor 网站工具包展示

（四）数据基本格式

在生物信息学分析中，通常以不同数据格式存储不同的数据信息，了解这些数据格式是进行数据分析的基础。数据格式按照存储方式，分为二进制与文本格式。《GB/T 35890—2018　高通量测序数据序列格式规范》对数据格式进行了相关说明与规范。图5-3列举了一些常见的数据格式，其中又以Fasta、Fastq、BAM/SAM及VCF格式的数据最为常用，也是NGS数据分析中的关键过程数据。

图5-3　各类型数据的格式示例

1. Fasta格式

Fasta格式是最常见的序列格式，包括序列注释信息和具体序列信息（图5-4）。以">"起始，接以序列名称与其他描述信息。文件后缀可为fasta、fa、fna、faa。

图5-4　Fasta格式文件示例

2. Fastq格式

Fastq格式为保存生物序列和其测序质量信息的标准格式。当前已经成为高通量测序结果的标准储存格式。文件通常为4行（图5-5）：

（1）序列标识及相关的描述信息，以"@"开始。

（2）序列信息，由A、T、C、G、N构成。

（3）以"+"开头，后面信息同第一行或省略。

（4）read 的质量信息，对应第二行，每个碱基有其质量评分，以 ASCⅡ码标识。

图 5-5　Fastq 格式文件示例

3. BAM&SAM

Fastq 文件进行基因比对后，可获得 BAM 或 SAM 格式的文件，以存储序列比对信息。SAM 文件由头文件（header）和比对结果（record）两部分组成，以制表符为分隔符，储存测序序列比对后的信息（图 5-6）。BAM 是 SAM 文件的二进制格式。

图 5-6　SAM 格式文件示例

4. VCF 格式

VCF 格式是描述单核苷酸变异（single nucleotide variation，SNV）、插入或缺失（insertion-deletion，Indel）、结构变异（structure variation，SV）、拷贝数变异（copy number variation，CNV）的文件格式（图 5-7）。

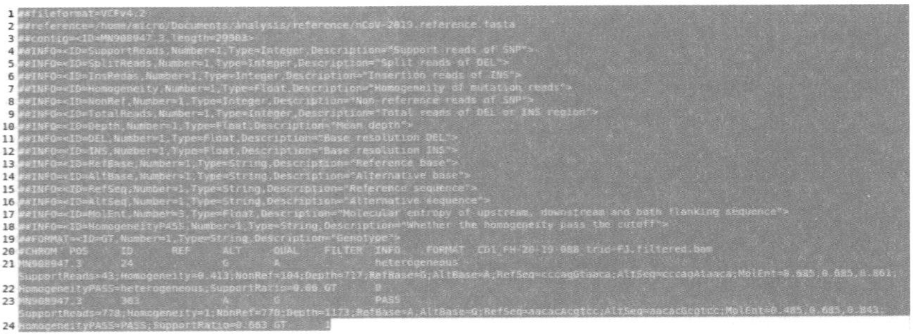

图 5-7　VCF 格式文件示例

第二节　生物信息学分析流程

一、生物信息学分析的基本流程

在不同研究中，生物信息学分析可能基于不同的分析目的与思路，具体分析流程存在一些差异，但核心步骤大同小异。图 5−8、图 5−9 分别为生物信息学分析的一般流程及生物信息学分析软件提供的工作流程（workflow），均包括如下几个步骤，可作为生物信息学分析基本流程的参考。

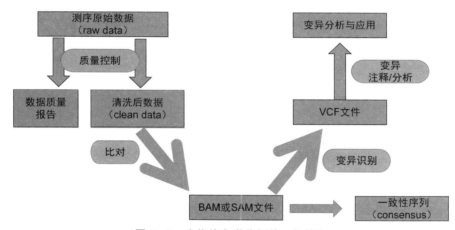

图 5−8　生物信息学分析的一般流程

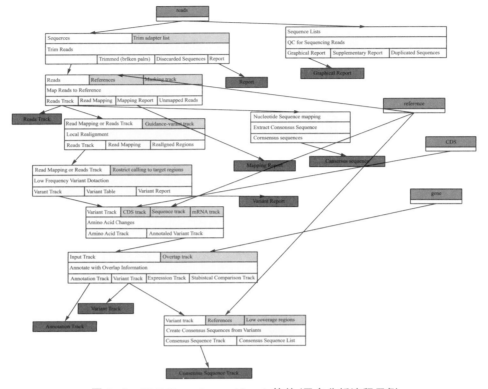

图 5-9　CLC Genomics workbench 软件/平台分析流程示例

（一）数据质量控制

NGS 测序存在一定的错误率，而测序数据的质量直接影响测序结果准确性，需要先对测序原始数据（raw data）进行质量控制（quality control）。质量控制包括质量分析与数据清洗，通过对低质量数据的过滤，确保进入下游分析的数据质量，以提高结果分析的准确性。

（二）序列比对

序列比对（alignment）是指运用数学模型或算法，找出序列之间的最大匹配碱基或残基数。对于重测序，常用的比对是将清洗后的数据（clean data）与参考序列进行比对，拼接获得一致性序列（Fasta），并根据与参考序列比对的信息，计算出覆盖度、深度等，在此基础上进一步分析获得变异信息。而 *De novo* 测序在获得拼接序列后需要在相应数据库进行搜索比对，这是对其进行鉴定的重要方式。

（三）变异识别

通过与参考序列的比对信息，识别出存在的变异，如单核苷酸变异、插入或缺失、结构变异、拷贝数变异，这是生物信息学分析获得的核心信息之一。

（四）变异分析及应用

对于获得的变异信息，可根据研究目的开展分析，如变异注释，分析基因变异对于蛋白结构及生物功能的影响；如进化分析，计算进化距离或通过生物钟计算进化速率等。必要时还需对变异进行过滤，以确保变异的真实性与准确性。

综合序列信息与变异信息，结合实验设计、其他基础资料（如流行病学资料、临床资料）进行结果分析，以应用于医学生物实践。

二、生物信息学分析实践

（一）数据的质量控制

下机的数据通常称为测序原始数据（raw data），进行质量控制之后获得清洗后的数据（clean data）。这一质量控制过程可通过软件实现，目前常用的软件有 FastQC、Trimmomaic、fastx_toolkit，现在一些集成的生物信息学分析软件会将质量控制与清洗功能整合入内。另外，不同测序仪在下机时可能对数据进行不同的预处理（如去除接头序列等），在分析时应予以区分。

数据的质量控制应主要关注以下指标。

1. 测序数据量

测序平台与耗材（卡槽、芯片等）有预期的生成数据量，根据下机数据可非常粗略地判断数据量是否符合预期。数据量过少，可能会不满足测序深度与覆盖度的要求，使结果的准确性受到影响。不同领域对于单个标本数据量有不同要求，应该结合深度与覆盖度进行综合评估。值得注意的是，测序仪一般会提供仪器配合特定芯片（卡槽）所预期的数据量，比如 Illumina MiniSeq 测序平台采用高通量试剂盒（双端 150bp），预期 reads 数最高为 25M，数据量（碱基数）则为 7.5Gb，即 25M（reads）×150bp×2（双端）＝7500Mb＝7.5Gb。值得注意的是，此处的 Gb 是指 G base，与常规所说文件大小 G byte 不完全相同。图 5-10 所示为实际标本的数据量：1260354 对 sequences（×2 reads），碱基数量为 154995228bp，可以粗略估计平均插入长度在 108bp 左右，小于 150bp，与扣除接头等有关。

Creation date:	Mon Nov 15 16:52:39 CST 2021
Generated by:	root
Software:	CLC Genomics Workbench 11.0
Based upon:	1 data set
2021-19-1144-WWL-XT_S3_L001_R1_001 (paired):	1,260,354 sequences in pairs
Total sequences in data set	1,260,354 sequences
Total nucleotides in data set	154,995,228 nucleotides

图 5-10 测序数据量概况图（CLC Genomics Workbench）

2. 碱基质量值

碱基质量值（quality score）是碱基识别（base calling）出错概率的整数映射。通常使用的 Phred 碱基质量值公式为：

$$Q_{Phred} = -10 \times \log_{10} P_e$$

式中，P_e 为碱基识别出错的概率。

碱基质量值与碱基识别出错的概率的对应关系如表 5-11 所示。

表 5-1 碱基质量值与碱基识别出错的概率的对应关系

碱基质量值	碱基识别错误概率	碱基识别准确性
Q10	1/10	90.00%
Q20	1/100	99.00%
Q30	1/1000	99.90%
Q40	1/10000	99.99%

碱基质量值越高表明碱基识别越可靠，碱基测错的可能性越小。例如，对于碱基质量值为 Q20 的碱基识别，100 个碱基中有 1 个会识别出错；对于碱基质量值为 Q30 的碱基识别，1000 个碱基中有 1 个会识别出错；碱基质量值为 Q40 表示 10000 个碱基中才有 1 个会识别出错。碱基质量值 Q30 是测序质量的重要参考指标，当前多数测序平台 Q30 都能达到 80% 以上。Q30 可通过多种途径获得，比如 Illumina 仪器在运行过程中可实时显示 Q30 数据，也可通过其自带软件进行分析，所得为平均 Q30 的数据；第三方软件可给出更精准的 Q30，比如 FastQCI（或者整合了 FastQC 软件的微未来分析软件）、CLC 能提供测序片段不同碱基位置的 Q30 分布。如果 Q30 偏低（小于 80%），测序质量不佳，结果准确性可能受到影响。如果文库片段过短，低于仪器测序读

长，则可能在后期出现 Q30 断崖式降低（"测穿"），此时应结合文库片段、序列覆盖度、深度综合分析研判。图 5-11 为 Q30 软件分析结果展示。

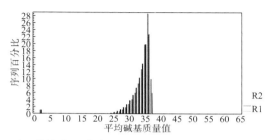

A. 整体 Q30 分布（CLC Genomics workbench）

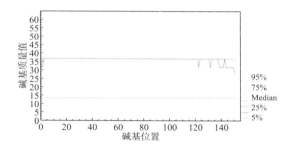

B. 按 reads 展示 Q30（CLC Genomics Workbench，read 1 质量分布）

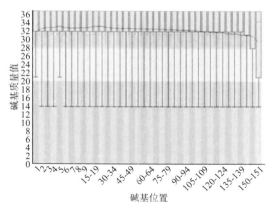

C. 按 reads 展示 Q30（北京微未来分析软件）

图 5-11　Q30 软件分析结果展示

3. 碱基分布

检查有无 AT、GC 分离。一般情况下，应 A＝T，G＝C，GC 含量大致为：外显子 49%～51%，基因组 38%～39%，正常 GC 含量的差异不超过 10%。GC 含量图中预期应为单峰正态分布，若有杂峰则可能存在核酸污染。

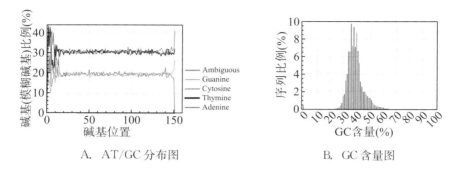

A．AT/GC 分布图　　　　　B．GC 含量图

图 5－12　碱基分布图（CLC Genomics Workbench）

数据清洗可通过软件实现，一般通过对序列或数据的过滤（trimming）处理提高数据质量：①去除测序接头及引物序列；②过滤低质量值数据。经过上述处理的数据可用于进一步数据分析，称为清洗后数据（clean data）。清洗后的数据同样以 Fastq 格式提供（图 5－13）。

Name	Number of reads	Avg.length	Trimmed sequences	Trimmed (broken pairs)	Total number of reads after trim	Percentage trimmed (%)	Avg.length after trim
2023-19-CX378_S11_L001 (paired, sampled)	2,740,272	108.16	2,707,594	798	2,708,392	98.84	108.38

图 5－13　Trimming 结果展示（CLC Genomics Workbench）

（二）序列的比对

基于序列比对可以获得数据分析中的关键过程信息。对于重测序而言，可用清洗后的数据（clean data）与参考序列进行比对，可获得 BAM/SAM 文件，其中包含了对应到参考序列每一个碱基的 reads 的信息。根据这些信息能够拼接出一致性序列，并进一步获得变异信息（VCF），同时可据此了解测序深度与覆盖度。为提高结果的准确性，也可使用比对过的（mapped）数据再进行重复序列的去除、碱基质量值的校准或局部重比对。对于 De novo 测序，可通过软件组装拼接序列后与参考序列比对，以进一步分析变异。

清洗后的数据与参考序列的比对，数据运算量大，过程文件一般也较大，推荐在服务器或云服务器等运算能力高的平台进行。如果单个样本的测序数据过大，分析时间过长，也可根据研究需要通过选取部分但足量数据进行分析，可通过相应命令或软件设置实现（如 CLC 软件中的 Subsample 命令）。目前，BWA、Bowtie、Maq、Novoalign 是常用的测序数据比对软件。

　　此外，还有一种序列比对在工作中较为常见，即以拼接序列与参考序列进行比对，识别变异位点，以进行变异或进化分析。这类比对基于纯序列的运算，所需算力相对较小，可用一些简单常用的软件或工具实现，如 Mega、mafft（图 5-14）、BioEdit（图 5-15）、Geneious（图 5-16）等。利用数据库进行比对也是经典的方法，如 blast（图 5-17），对于不特定参考序列或未知参考序列的比对更有意义。

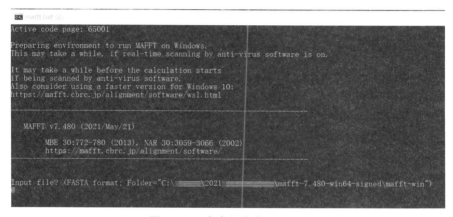

图 5-14　命令行方式（mafft）

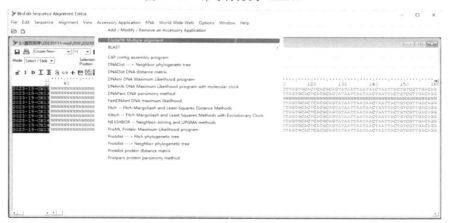

图 5-15　软件比对（BioEdit）

图 5-16　软件比对（Geneious）

图 5-17　数据库比对（blast）

（三）变异识别与注释

提取 BAM 或 SAM 文件中的信息，进行变异识别，获得 VCF 文件，是数据分析中的重要步骤。基因变异包括多种类型，不同的软件可针对不同的变异类型进行分析，比如 Varscan2、Mutect2、GATK 等用于 SNV 和 Indel 的识别，CNVkit、CONTRA 等用于 CNV 的识别，SV 的识别可用 Lumpy、CREST、Manta 等实现。当然，集成的软件包可以实现上述所有功能，并完成结果的导出（图 5-18）。

Reference Position	Type	Length	Reference	Allele	Linkage	Zygosity	Count	Coverage	Frequency	Forward/reverse balance	Average quality	Overlapping annotations	Coding region change	Amino acid change
36	SNV	1	C	T		Homozygo	19	19	100		0.5	37		
448	SNV	1	G	T		Heterozyg	450	8337	5 397625		0.5	36.42222		
626	SNV	1	G	T		Heterozyg	97	7916	1 225366		0.5	35.92784		
635	SNV	1	C	T		Heterozyg	561	7232	7 75719		0.5	36.86809		
3221	Deletion	1	C	-		Heterozyg	991	7518	13 1817		0.5	36.28951		
3883	SNV	1	T	C		Heterozyg	1816	5525	32.86878		0.5	36.28634		
5403	SNV	1	T	C		Heterozyg	171	7954	2 149862	0.495522	36.56725			
5406	SNV	1	T	A		Heterozyg	164	8064	2 03373	0.495356	35.40244			
5930	Deletion	1	N	-		Homozygo	5960	5960	100	0.499874	35.84362			
6037	SNV	1	G	T		Heterozyg	1648	8317	19.81484		0.5	36.70752		
6058	Insertion	1	-	A		Heterozyg	1175	7288	16.12239	0.498934	36.55915			
12315	SNV	1	A	T		Heterozyg	1124	3813	29.4781		0.5	36.58541		
13445	Deletion	3	CAG	-		Heterozyg	354	9425	3 755968		0.5	36.42938		
13474	Insertion	1	-	T		Heterozyg	525	7998	6 564141		0.5	35.44952		
13676	Deletion	1	N	-		Homozygo	2409	2409	100	0.499896	36.26526			
22814	SNV	1	A	G		Heterozyg	1052	6985	15.06084		0.5	36.61027		

图 5-18　集成软件导出的部分变异信息（.xlsx）

（四）结果应用

不同研究目的对于结果有不同的应用，基于测序数据的生物信息分析结果，可进一步结合临床、流行病学资料或已有理论进行综合判断与应用。而功能组学等研究，需要在序列变异的基础上，进一步借助相关生物学软件、工具或者数据库的帮助，开展后续分析与研究。

第三节　新型冠状病毒 NGS 的数据分析

在新型冠状病毒（以下简称新冠病毒）疫情防控中，病毒测序对于流行病学溯源、变异监测、临床救治及病原学基础研究都具有极其重要的意义。后疫情时代，新冠病毒的基因变异监测则对于疫情的预警至关重要。在新冠病毒序列公布后，新冠病毒的 NGS 大都按照基因组重测序的方案进行，扩增子测序是当前广泛应用的测序方案。现将新冠病毒 NGS 的数据分析，以 Illumina MiniSeq 下机数据和 CLC Genomics Workbench 23 分析为例（图 5-19）做简要介绍。

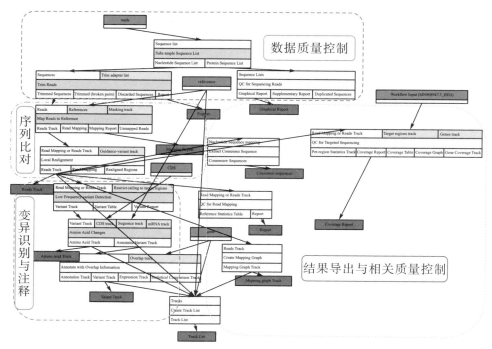

图 5-19　新冠病毒 NGS 数据分析参考工作流程（CLC Genomics Workbench Workflow）

一、数据质量控制

测序仪自带的分析软件可显示一些测序的基本情况，可帮助初步判断测序质量，如测序数据是否足够（符合产品预期产出），Q30 一般＞80%，簇密度在 170~210k/mm^2，同时 cluster PF＞85%，初步认为测序质量良好。数据的评估仍参照前文质量控制进行。

选择过滤（trimming）的参数，如质量分数、模糊碱基个数、接头去除、头尾多聚碱基、片段长度等，对测序原始数据（raw data）进行清洗处理。

过滤基本流程展示见图 5-20。

图 5－20 过滤基本流程展示

二、序列比对

以武汉株 MN908947.3 作为参考序列，进行比对（mapping），获得相应的 BAM 文件。比对结果图形化展视见图 5－21。结合比对的报告，可了解测序数据中与参考序列匹配的数据量与比例，可一定程度反映文库的质量。比对上的 reads 的比例越高，说明所得数据中目的序列越多，文库质量一般越好；比例越低，说明有效序列越少，需要进一步分析原因，如原始标本中目的病毒载量低，或样本干扰较多，或建库质量不佳，或宿主细胞过多等。建议根据软件报告中给出的覆盖度和深度数据，进一步评估数据的质量。基于比对结果的报告见图 5－22。

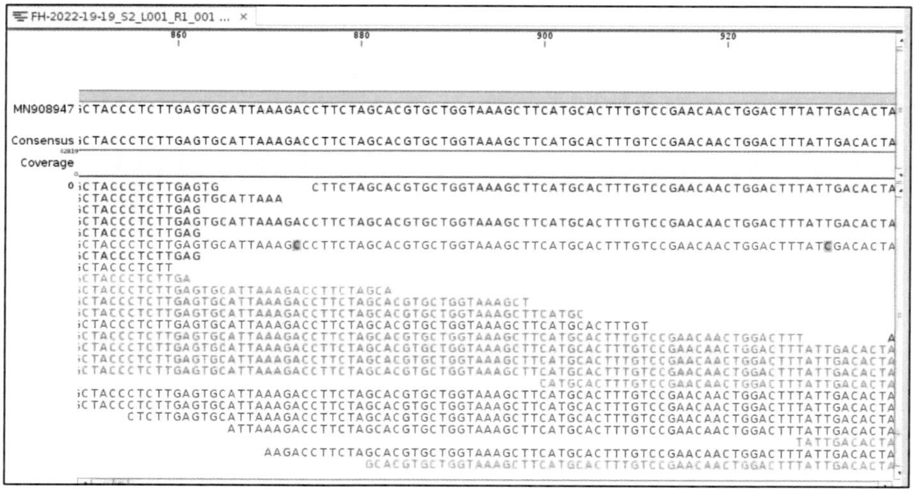

图 5-21　比对结果图形化展示

	Count	Percentage of reads (%)	Average length	Number of bases	Percentage of bases (%)
References	1	-	29,903.00	29,903	-
Mapped reads	2,646,310	99.58	117.75	311,609,422	99.50
Not mapped reads	11,078	0.42	140.53	1,556,746	0.50
Reads in pairs	2,638,284	99.28	147.28	310,725,622	99.22
Broken paired reads	8,026	0.30	110.12	883,800	0.28
Total reads	2,657,388	100.00	117.85	313,166,168	100.00

A.　比对结果概况

Number target regions	1
Total length of targeted regions	29.903
Minimum coverage	0
Maximum coverage	24.593
Average coverage	6429.6
Median coverage	4422.0
Number of target regions with coverage < 30	1
Total length of target regions containing positions with coverage < 30	29.903
Total length of target region positions with coverage < 30	712
Total length of target region positions with coverage ≥ 30	29.191
Percentage of target region positions with coverage ≥ 30 (%)	97.6

B.　覆盖度报告

1 Summary

Reference count	1
Type	Read mapping
Total reference length	29,903
GC contents in %	37.97
Total read count	2,646,310
Mean read length	117.75
Total read length	311,609,422

2 References

2.1 Reference coverage

Total reference length	29,903
% GC	37.97
Fraction of reference covered	1.00

2.2 Coverage statistics

Total reference length	29,903
Minimum coverage	0
Maximum coverage	42,141
Median coverage	6,893.00
Average coverage	10,392.37
Standard deviation	10,145.02
Minimum excl. zero coverage regions	1
Median excl. zero coverage regions	6,938.00
Average excl. zero coverage regions	10,418.85

C.　测序深度报告

图 5－22　基于比对结果的报告

三、变异识别与注释

利用软件自带的变异分析功能，对变异进行识别；同时软件也提供了对变异的注释，通过整合相关信息，可以详细展示变异的信息，比如变异的位点、变异类别、是否同义突变、该变异位点的 reads 数（正、反）、深度、对应的氨基酸变异与定位等（图 5－23）。通过建立定位关联（track）的方式，可以快速定位到特定的变异位点，进行深入分析。

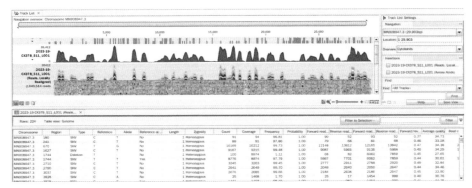

A. 变异位点报告（表格形式）

B. 变异位点综合展示

图 5-23 变异位点结果报告

基于 CLC 软件可直接进行变异分析，也可导出一致性序列（根据需要设置测序深度，10×、20×、30×或更高）进行序列的进一步分析。目前有较多网站提供新冠病毒序列的在线分析功能，十分便捷。如 Nextclade 网站（https://clades.nextstrain.org/results），在首页上传后缀为".fa"格式的序列信息，即可获得相应的数据质量、变异位点及对应氨基酸改变等信息。该网站序列不定期更新，其分型依据来源于 Pangolin 网站（https://pangolin.cog-uk.io/），在分析的时候应注意数据库的时效性，必要时手动更新。其分析结果提供下载功能，可下载对齐后的序列、变异分析表格等诸多格式的结果文件。Nextclade 网站变异分析示例见图 5-24。

A. 数据提交页面

B. 分析结果页面

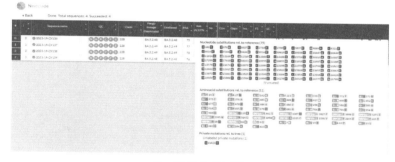

C. 变异位点展示

D. 结果下载页面

图 5-24　Nextclade 网站变异分析示例

四、溯源分析

分子溯源是测序的重要应用。此前新冠病毒疫情的精准溯源主要依赖基因测序的结果。其方式主要包括亚型溯源、进化树溯源、进化变异溯源。

（一）亚型溯源

当各地流行的基因亚型具有明显的差别时，确定基因亚型即可提供溯源的参考依据。在亚型接近的情况下，基因进化树也可提供一些支撑信息。

疫情早期，我国曾采用根据变异位点分门别类的中国分型法。此后逐步过渡到全球通用的 Pangolin 分型法（Phylogenetic Assignment of Named Global Outbreak Lineages，全球暴发分支系统发育归类命名）。

研究这一命名方式基于 GISAID 数据库中对 SARS-CoV-2 基因组序列的系统发育提出了一个合理和动态的命名，即采用一个系统发育框架来识别当下活跃的病毒分支，该方法在新冠病毒快速变异过程中具有显著优势。将序列转为 ".fa" 格式上传即可在线分型，方便快捷。Pangolin 在线分型见图 5-25。

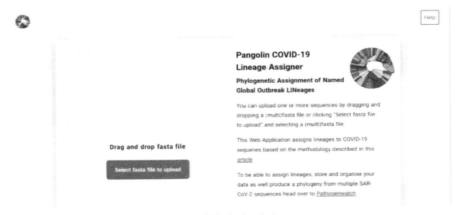

A. 数据提交页面

B. 结果返回页面

C. 下载结果展示

图 5-25　Pangolin 在线分型

需要注意的是，使用 Pangolin 分型方法得到的是一个动态的命名，在不同的时候可能会存在动态调整的情形，该分型方法也在不断完善，需要注意同一标本在不同时候得到的分型结果可能略有差异（源于命名的调整），参数也可能有所不同（分型方法的更新完善）。

（二）进化树分析

在亚型接近的情况下，基因进化树也可提供一些提示信息。通过构建进化树（如 Mega、Geneious、CLC 等软件均可实现）可以大致了解序列的聚类趋势，但正因为该方法基于统计学的聚类思想，无法精准地对特异的变异位点进行识别与判断，对于分子溯源的意义有限。进化树分析示例见图 5-26。

图5-26 进化树分析示例

（三）进化变异溯源

在变异迅速的新冠病毒溯源中，往往基于几个甚至单个变异位点来进行同源性判断，因此需要对单个变异位点进行分析。目前的策略是先将序列与原始株比较获得原始株的变异位点列表，在此基础上进行进一步比较分析与研判。在某些情况下，变异位点的变异率还可提示传播链条上的亲子代关系，则需要对数据进行进一步挖掘与利用。也有软件集成了上述步骤，可直接基于进化变异推导传播链（如图7-4C. 样本传播关系树）。

五、相关平台与软件

新冠病毒研究在全球研究者的共同努力下持续推进，针对新冠病毒的生物信息学软件、平台和数据库都得到快速发展，为新冠病毒感染疫情防控提供了重要支撑。详细信息见本书第六章、第七章相关内容。

（陈恒　张学俊）

参考文献

[1] 中华人民共和国国家质量监督检验检疫总局，中国国家标准化管理委员

会. 高通量测序数据序列格式规范 GB/T 35890—2018 ［S］. 国家标准化管理委员会，2018.

［2］ National Research Council. Bioinformatics：converting data to knowledge ［M］. Washington，DC：The National Academies Press，2000.

［3］ Ahmadian A，Ehn M，Hober S. Pyrosequencing history，biochemistry and future ［J］. Clinica Chimica Acta，2006，363：83－94.

［4］ Shendure J，Balasubramanian S，Church G M，et al. DNA sequencing at 40：past，present and future ［J］. Nature，2017（10）：345－353.

［5］ Smith L M，Sanders J Z，Kaiser R J，et al. Fluorescence detection in automated DNA sequence analysis ［J］. Nature，1986，321（6071）：674－679.

［6］ Kaiser R J，Mackellar S L，Vinayak R S，et al. Specific-primer-directed DNA sequencing using automated fluorescence detection ［J］. Nucleic Acids Research，1989，17（15）：6087－6102.

第六章　生物信息学数据库

为适应日益增长的分子生物学数据存储、维护的需要，服务于生物医学大数据的整理分析工作，多元的生物信息学数据库和网络分析平台应运而生。这些数据库为生命科学的研究提供丰富的知识借鉴，为基因组、蛋白组、转录组等生物组学研究与技术转化提供强大的资源和技术支持。20世纪80年代，国际三大核酸序列数据库（GenBank、EMBL、DDBJ）相继建立，成为核酸序列检索与研究的核心资源。测序技术的快速发展、海量生物学数据的生成及进一步研究的需求，都大大推动了生物信息学数据库的发展，其种类与内容日益丰富，成为生物信息学研究的重要支撑。

第一节　生物信息学数据库的分类

目前，全世界生物信息学数据库数以千计，覆盖生物信息学各个领域与方向，根据不同的维度，生物信息学数据库有不同的分类。

一、数据来源与构建

按照数据库的数据来源与构建，生物信息学数据库可分为一次数据库、二次数据库。

一次数据库又称基本数据库，来源于初始数据，比如测序获得的核酸序列，或者 X 线衍射法等获得的蛋白质三维结构。该类数据库数据量大，时效性好，更新速度快，但对于计算机硬件、存储空间及管理系统有较高的要求，如欧洲生物信息数据库（Eurpean Molecular Biology Laboratory，EMBL）、基因数据库 GDB 等。

在一次数据库基础上，按照研究领域与需求，对数据进行分析、整理、归纳后形成的二次数据库，容量小于一次数据库，但专业性和准确性更高。例如，以核酸数据库为基础构建的基因调控转录因子数据库 TransFac，以具有特殊功能的蛋白质为基础构建的二次数据库如免疫球蛋白数据库 Kabat，以蛋白质二级结构构象参数进一步构建的数据库 DSSP 等。

二、数据库的核心应用

根据各种数据库的核心应用，其可分为以下三类。

（一）序列数据库

序列数据库以序列信息为核心数据，提供相应数据的提交、存储与检索功能，包括 DNA 数据库、RNA 数据库、蛋白质数据库及综合数据库，如 GenBank、EMBL、DDBJ、GSDB、TIGR DATAbase 及 INSD 等数据库。

（二）各物种基因组数据库

各物种基因组数据库以 20 世纪 90 年代人类基因组计划及诸多生物的基因组研究成果为主，包括人类基因组、原核生物基因组、原生生物和线虫基因组、真菌基因组、鱼类基因组、啮齿动物基因组（小鼠）、家畜和家禽基因组、农作物基因组和拟南芥基因组等数据库。

（三）功能数据库

功能数据库在数据存储的基础上，提供或实现进一步的生物信息分析功能，包括序列比对数据库、细胞器数据库、基因表达数据库、基因突变数据库、病理和免疫数据库、代谢途径和细胞调控数据库、基因组信息分析数据库、蛋白质组学相关信息分析数据库、核酸序列的预测分析数据库等。

三、功能与数据收录

也有学者根据数据库功能和收录数据细化，将数据库分为 DNA 序列、RNA 序列、微阵列数据库，以及基因表达、蛋白质序列、分子结构、蛋白质组学与蛋白质相互作用、代谢与信号通路、人类基因与疾病、生理与病理、药物与药物靶标、细胞器与细胞生物学、人类与其他脊椎动物基因组、非脊椎动物基因组、植物基因组数据库和其他数据库。

第二节　生物信息学数据库的发展

生物信息学是一门交叉学科，生物学、数学、计算机学各领域的发展同时也带动生物信息学的发展。生物信息学数据库在过去的几十年里发展迅速，其核心功能——数据的收集、存储与利用——都有显著提升。总的说来，数据库的发展具有如下特点，而这些特点也可视作数据库本身的特点。

一、数据库种类的多样性

早期三大数据库均为核酸序列数据库。随着基因组计划的实施，基于基因组产出的数据库应运而生；而蛋白质组学研究的深入，促使蛋白质数据库发展起来。随着后基因组时代的到来，新的数据库逐步建立并日益丰富与完善。生物信息学研究的深入，对于数据库也提出更高的要求。当前全球的数据库多达几千种，几乎覆盖生物研究的各个领域，其种类多样性不言而喻。

二、数据的极速增长

随着测序效率的提升，测序数据呈现指数级增长。在早期人类基因组计划，十余个国家耗时 13 年（1990—2003），获得人类 30 亿碱基的数据，而当前 DNBSEQ－T20 宣称每年可完成 5 万人全基因组测序，一次运行数据可达 72Tb。测序数据的极度高产与易获得性，极大地充实了数据库，但随之而来对于数据的存储与利用也提出了挑战。所幸计算机领域的发展也日新月异，提供了相应的技术支持。

三、数据库的交叉性日益显著

各个数据库之间存在相关的内容，互相引用十分常见。随着研究的深入，从序列到结构到功能、再到预测，已成为密不可分的整体，势必使各个数据库互相依赖、互为补充、交叉融合。

四、数据库计算机化与网络化日益凸显

由于数据的庞大与复杂，数据的快速收集、科学储存都大大依赖于计算机高效的运算与处理能力；而由于信息时代对便捷性、实时性的要求，数据库的网络化至关重要。同时，由于大数据的处理对硬件具有较高的要求，部分分析功能在个人电脑上难以实现，云空间、云处理成为趋势，部分分析数据库则扮演了这一角色。

五、数据库的资源化

早期数据库多由美国、日本的研究机构建立和发起，国际上比较重要的生物信息学数据库服务器也多在欧美或日本。随着生物信息学的发展，越来越多的国家意识到数据作为资源的重要意义，数据库的建立具有重要的学术价值与战略意义，数据库的发展得到更多国家的重视与支持，各国有特色的数据库也逐步建立发展起来，极大地丰富了生物信息学数据库。

第三节　主要数据库简介

生物信息学数据库种类繁多，根据研究领域与需求选择适宜的数据库至关重要。多数情况下，综合性数据库可满足常规的研究需求，越专业的分析需要的数据库往往越小众。本节主要介绍具有代表性数据库，详细阐述以 NCBI 为代表的数据库基本构架与功能。

一、NCBI 数据库

美国国家生物技术信息中心（The National Center for Biotechnology Information，NCBI）是世界公认的序列相关知识产权申报或研究成果发表数据信息的指定提交和保管机构。

1988 年 11 月，由美国国家健康研究所（National Institutes of Health，NIH）、美国国家医学图书馆（National Library of Medicine，NLM）发起建

成的国家生物技术信息中心，成为世界最大规模的生物医学信息和技术资源数据库，为医学和生命科学研究提供重要数据支撑。早期 NCBI 致力于知识与文献处理，而随着生物信息学的快速发展，该数据库已发展为全球最大规模的生物医学信息及技术资源数据库，提供生物医药数据存储及文献检索、核酸/蛋白序列提交与检索、结构与功能分析、生物软件开发发布与维护等服务。

NCBI 主页（https：//www. ncbi. nlm. nih. gov/）展示了该数据库的主要服务内容，其各功能分区如图 6－1 所示。工具导览按照数据的领域进行了分类，包括全部资源、化学品和生物测定、数据和软件、DNA 和 RNA、结构域、基因与表达、遗传学与医学、基因组图谱、同源性分析、文献、蛋白质、序列分析、分类学、培训和教程、变异，共 15 个条目，每个条目进入后均按照概览、数据、下载、提交、工具、帮助等功能架构提供数据库服务（图 6－2）。

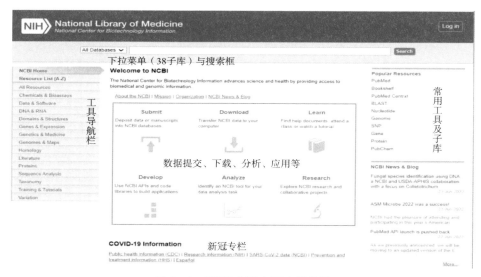

图 6－1　NCBI 主页主要功能分区

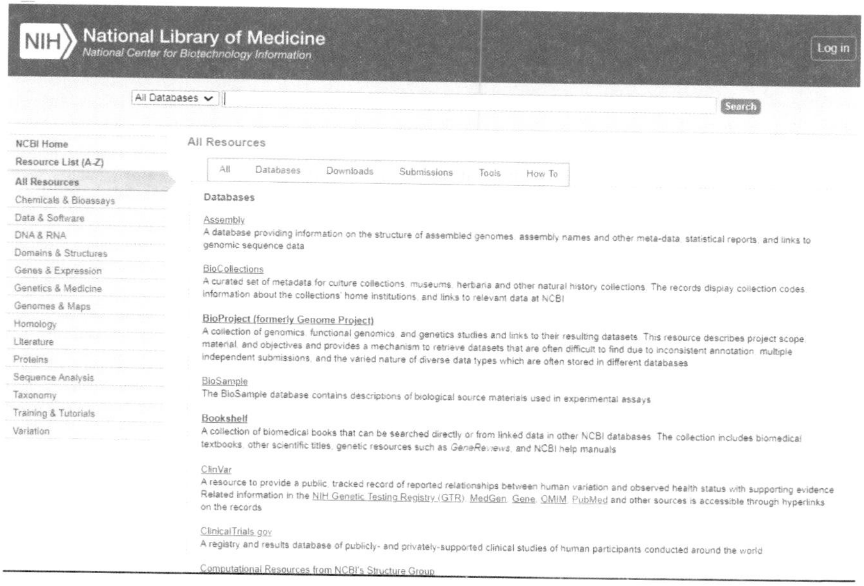

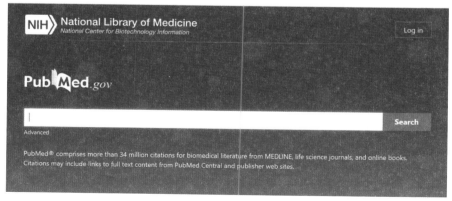

图 6-2 数据页面功能示意

同时，NCBI 提供丰富的数据子库，现将其主要的子库介绍如下。

（一）Pubmed 与 PubMed Central

PubMed（https://pubmed.ncbi.nlm.nih.gov/）为生物医学文献公共检索与分析平台，目前可提供来自 Medline、生物医学期刊及在线书籍等文献，数量超过 34000000 条（图 6-3）。

值得注意的是，在 PubMed Central（https://www.ncbi.nlm.nih.gov/pmc/）数据库中，可以免费访问 PubMed 中的全文文献（图 6-4）。

图 6-3 PubMed 主页面（功能与搜索）

图 6－4　PubMed Central 主页面（功能与搜索）

（二）Bookshelf

　　Bookshelf（https://www.ncbi.nlm.nih.gov/books/）数据库是美国国家生物技术信息中心 NLM 文献档案馆（LitArch）的图书部门，提供在线搜索生物学、医学和生命科学的图书、报告、数据库及相关学术文献的集合（图 6－5）。

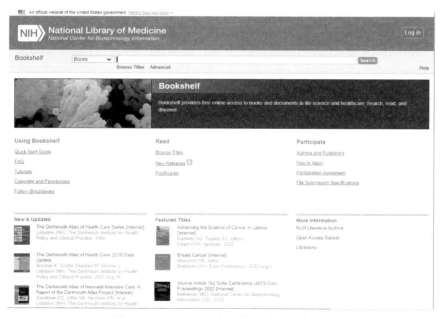

图 6－5　Bookshelf 主页面（功能与搜索）

（三）BLAST

BLAST（The Basic Local Alignment Search Tool，基本局部比对搜索工具，https://blast.ncbi.nlm.nih.gov/Blast.cgi.）是 NCBI 中的常用功能之一，该工具可将核苷酸或蛋白质序列与 NCBI 数据库中的序列进行比对，并计算比对的统计学意义，借此推断序列之间的功能与进化关系，帮助判断基因家族间的亲缘关系。BLAST 主要包括三个模块：在线比对（Web BLAST）、下载与云端、个性化检索（图 6-6）。

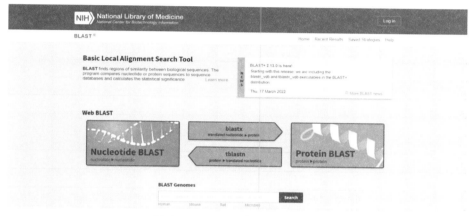

图 6-6　BLAST 主页面（功能）

在线比对，提供了不同的查询检索方式（图 6-7），包括：

（1）blastn：输入核酸序列查询核酸数据库。

（2）blastp：输入蛋白质序列查询蛋白数据库。

（3）blastx：输入核酸序列查询蛋白质数据库，系统会将核酸序列翻译为蛋白质序列后进一步比对。

（4）tblastn：输入蛋白质序列查询核酸数据库，与 Blastx 相反，系统将库中核酸序列翻译为蛋白质序列与输入蛋白质序列进一步比对。

（5）tblastx：输入核酸序列查询核酸数据库，该查询方式会将输入序列与库中序列均翻译为蛋白质后进行比对。

图 6-7　BLAST 在线比对页面

下载与云端（图 6-8）：提供可下载到本地或者云端的 BLAST。

图 6-8　BLAST 下载与云端

个性化检索（图 6-9）：BLAST 同时提供了各类个性化检索，满足一些个性化的比对需求。

（1）SmartBLAST：检索高同源性的蛋白序列。

（2）Primer-BLAST：针对特定的 PCR 模板设计引物。

（3）Global Align：提供两条序列的全局比对。

（4）CD-search：检索序列中的保守区域。

（5）IgBLAST：检索序列中免疫结合位点或 T 细胞受体。

（6）VecScreen：检索序列中的载体片段。

（7）CDART：检测蛋白序列中的结构域。

（8）Multiple Alignment：提供蛋白序列的比对。

（9）MOLE-BLAST：试用中的聚类分析模块。

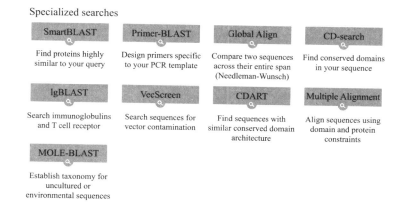

图6-9 BLAST 个性化检索

（四）序列数据库与结构数据库

NCBI 的序列数据库资源丰富，常见的包括核酸数据库、基因数据库、基因组数据库、蛋白质数据库、单核苷酸多态性数据库与化学数据库等。

1. 核酸数据库

Nucleotide 数据库（https：//www. ncbi. nlm. nih. gov/nucleotide/）是一个多来源序列的集合，包括 GenBank、RefSeq、TPA 和 PDB 的核酸序列资源。作为三大核酸数据库之一，NCBI 的核酸数据库库中基因组、基因和转录组的序列数据是生物医学研究与探索的重要支撑（图6-10）。

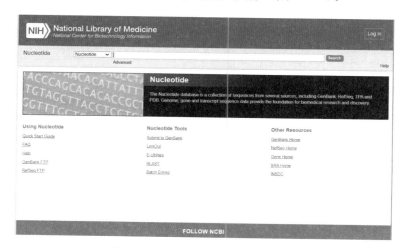

图6-10 Nucleotide 数据库主页面

2. 基因数据库

基因（gene）数据库（https：//www.ncbi.nlm.nih.gov/gene/）包括广泛物种的基因信息，涵盖命名、参考序列、图谱、信号通路、变异、表型，并可链接到全球基因组、表型和转座子等资源的数据库。其中基因表达的数据资源可从 GEO（基因表达库，https：//www.ncbi.nlm.nih.gov/geo/）中获得。Gene 数据库主页面和 GEO 主页面见图 6－11、图 6－12。

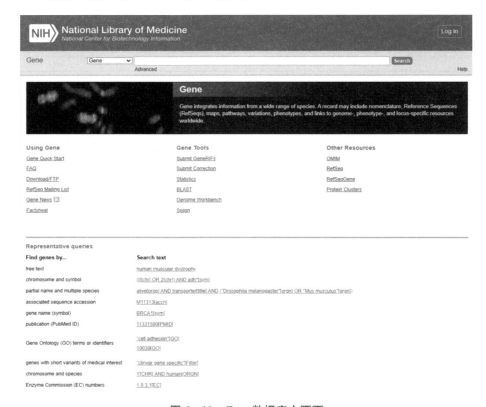

图 6－11　Gene 数据库主页面

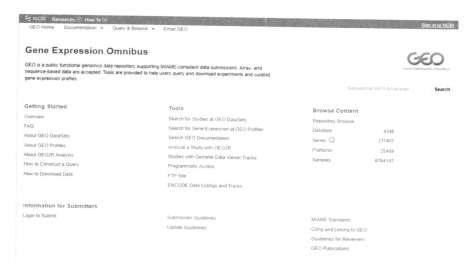

图 6-12　GEO 主页面

3. 基因组数据库

基因组（genome）数据库（https://www.ncbi.nlm.nih.gov/genome/）提供序列、图谱、染色体、组装与注释等基因组信息（图 6-13）。

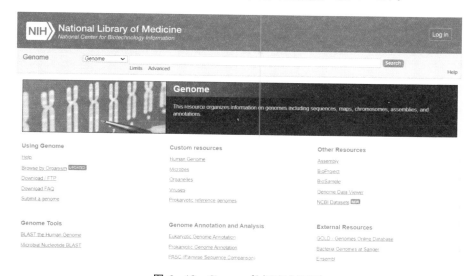

图 6-13　Genome 数据库主页面

4. 蛋白质数据库

蛋白质（protein）数据库（https：//www．ncbi．nlm．nih．gov/protein/）：蛋白质序列是生物结构和功能的基本决定因素，NCBI 的蛋白质数据库也是来自多个来源数据库的集合，包括 GenBank、RefSeq 和 TPA 中注释编码区的翻译，以及 SwissProt、PIR、PRF 和 PDB 的记录等（图 6－14）。

图 6－14　Protein 数据库主页面

5. 单核苷酸多态性数据库

单核苷酸多态性（dbSNP）数据库（https：//www．ncbi．nlm．nih．gov/snp/）包含人类单核苷酸变异、微卫星、小规模插入和缺失，以及常见变异和临床突变的公布、群体变异频率、分子信息、基因组和 RefSeq 图谱信息等（图 6－15）。

图 6-15　dbSNP 数据库主页面

6. PubChem 数据库

PubChem 数据库（https://pubchem. ncbi. nlm. nih. gov/）是世界上最大的免费获取化学信息的集合数据库。该数据库可按名称、分子式、结构和其他标识符搜索化学品，查找某一物质的化学和物理特性、生物活性、安全和毒性信息、专利、文献引用等（图 6-16）。

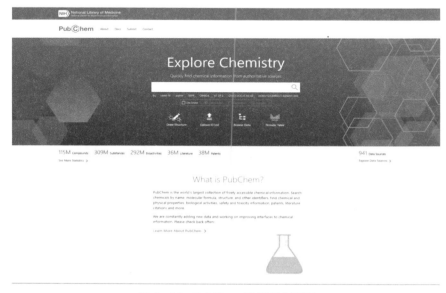

图 6-16　PubChem 数据库主页面

（五）新冠病毒相关信息

为了便于应对全球新冠病毒疫情，NCBI 官网提供了一些新冠病毒相关资讯的快速链接，包括美国疾病预防控制中心（CDC）的公众健康信息、NIH 的新冠病毒相关研究信息、NCBI 收录的 SARS－CoV－2 相关数据（序列信息、临床试验、文献等）、HHS 的预防与治疗资讯，以及 NIH 官网的健康资讯等。

二、其他数据库简介

不同类型的数据库各有侧重，为生物信息学提供不同领域与方向的支撑。EMBL、DDBJ 与 NCBI 共享 DNA 序列，并称国际三大核酸序列数据库。此外，近年来我国新建的国家基因组科学数据中心也迅速发展，可提供全球共享的基因组数据。

（一）EMBL－EBI

欧洲分子生物学实验室（European Molecular Biology Laboratory，EMBL，https：//www.embl.org/）1974 年成立于德国，现有欧洲 20 余个成员国政府支持，其目的在于促进欧洲国家合作发展分子生物学研究。

欧洲生物信息研究所（The European Bioinformatics Institute，EBI，https：//www.ebi.ac.uk/）是非营利性学术组织 EMBL 的一部分，是世界第一家核酸序列数据管理机构，是协调搜集和传播生物学数据的欧洲节点，旗下 ENA（DNA 和 RNA 序列，在 EMBL－Bank 基础上发展而来，https：//www.ebi.ac.uk/ena/browser/home）、Uniprot（蛋白质序列和注释，https：//www.uniprot.org/）、Ensembl/Ensembl Genomes（基因注释，http：//asia.ensembl.org/index.html，http：//ensemblgenomes.org/）等都是当下研究者熟知的数据库。目前在 EMBL－EBI 首页可进行快速的生物信息相关搜索，参考示例（图 6－17）输入关键词后，可选择"all"进行全局检索，也可选择子数据库进行检索。

A. EMBL 网站

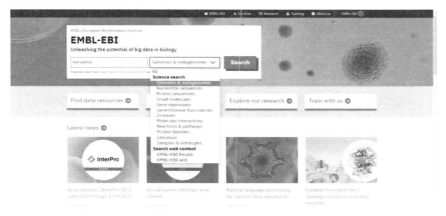

B. EMBL－EBI 网站首页（功能与搜索）

图 6－17　EMBL－EBI 网站搜索示例

（二）DDBJ

日本基因数据库（DNA Data Bank of Japan，DDBJ，https://www.ddbj.nig.ac.jp/index－e.html）于 1984 年建立，数据主要来源是日文研究者提交的序列和其他数据机构协作交换的数据，目前有英文和日文两种语言，提供基因组、基因和转录组组装/注释后的序列。根据协议，三大数据库（NCBI 的 GenBank、EMBL－EBI 的 ENA、DDBJ）每日交换更新数据和信息，而由于 DDBJ 无法以新格式容纳那些在 GenBank 和 ENA 中有登记号的记录，所以在 DDBJ 新版本中可能缺乏大量序列数据。

DDBJ 的服务页面中提供了 9 个功能标签，可以根据标签选择相应的内容，每个模块的条目下会显示对应的标签，其中 DRA 主要包括高通量测序平台生成的数据与比对信息，提供相应的数据提交与查询等功能（图 6－18）。

A. DDBJ 网站主页面（英文）

B. DDBJ 网站主页面（日文）

C. DDBJ 网站主要功能标签与服务

图 6-18　DDBJ 数据库网站

（三）CNCB 与 NGDC

国家生物信息中心（CNCB，China National Center for Bioinformation，https://www.cncb.ac.cn/）前身为中国科学院北京基因组研究所，成立于2002年11月。2019年11月13日中央机构编制委员会批准加挂"国家生物信息中心"的牌子，致力于全球生物信息的汇交、存储、管理及生物信息前沿交叉研究与转化应用，提供中英文服务（图6-19）。国家基因组科学数据中心（National Genomics Data Center，NGDC，https://ngdc.cncb.ac.cn/）作为其重要组成部分，建立生命与健康大数据汇交存储、安全管理、开放共享与整合挖掘研究体系，研发大数据前沿交叉与转化应用的新方法和新技术，旨在建成支撑我国生命科学发展、国际领先的基因组科学数据中心。

图6-19 国家生物信息中心网站主页面（数据库与搜索）

CNCB首页的数据查询涵盖NGDC数据库、Partner数据库及EBI、NCBI数据库，并提供EBI、NCBI的直达链接。特色资源包括组学原始数据归档库（Genome Sequence Archive，GSA）、人类组学原始数据归档库（Genome Sequence Archive - HUMAN，GSA - HUMAN）、新型冠状病毒信息库

病毒高通量测序与生物信息学技术

（RCoV19）、基因组库（Genome Warehouse，GWH）、基因组变异图谱（Genome Variation Map，GVP）、甲基化数据库（MethBank）等。资源方面，除了数据库，还有软件工具、标准、科学研究与文献情报等模块。

NGDC首页检索功能与CNCB相同。而NGDC数据库资源涉及原始测序数据、基因组和变异、基因表达、非编码RNA、表观基因组、单细胞组学、生物多样性和生物合成、健康和疾病、文献和教育、工具等多个种类，提供数据提交、科学项目数据汇交、人类遗传资源信息管理备份、序列搜索比对、新冠病毒信息库、文献库等服务（图6-20）。

图6-20　国家基因组科学数据中心（主要资源展示）

与此类似的数据中心还有国家微生物科学数据中心（National Microbiology Data Center，NMDC，https：//nmdc.cn/），于2019年6月以中国科学院微生物研究所作为依托单位，联合中国科学院海洋研究所、中国疾病预防控制中心传染病预防控制所、中国科学院植物生理生态研究所、中国科学院计算机网络信息中心等单位共同建设。数据内容完整覆盖微生物资源、微生物及交叉技术方法、研究过程及工程、微生物组学、微生物技术，以及微生物文献、专利、专家、成果等微生物研究的全生命周期，数据资源总量超过2PB，数据记录数超过40亿条，旨在为科学研究、技术进步和社会发展提供高质量的科技资源共享服务（图6-21）。

图 6—21 国家微生物科学数据中心（数据库）

三、新冠病毒常用数据库/链接

全球学者和衷共济，积极应对新冠病毒带来的挑战，2020 年以来，针对新冠病毒的生物信息学软件、平台和数据库都得到快速发展，为新冠病毒疫情防控提供重要支撑。以下例举一些常用新冠病毒相关的数据库或链接。

（一）全球共享流感数据库

（1）提供新冠病毒序列数据库（https：//gisaid.org/，需注册）。

（2）提供每周数据分析周报（https：//gisaid.org/，需注册）。

（3）2023 年新增中国新冠序列数据的实时更新与可视化分析（https：//gisaid.org/phylodynamics/china—cn/— China CN）。

（二）世界卫生组织

（1）信息周报：https：//www.who.int/emergencies/diseases/novel—coronavirus—2019/situation—reports.

（2）病毒变异株：https：//www.who.int/en/activities/tracking—SARS—

CoV−2−variants/.

（三）病例报告

（1）约翰霍普金斯大学新冠病例报告：https://coronavirus.jhu.edu/map.html.

（2）病例报告、变异株报告等：https://outbreak.info.

（四）在线分型网站

（1）Pangolin 在线分型：https://pangolin.cog−uk.io/.

（2）Nextclade 在线分型分析网站：https://clades.nextstrain.org.

（陈恒　梁娴）

参考文献

［1］Pool R，Esnayra J．Planning Group for the Workshop on Bioinformatics：Converting Data to Knowledge［M］．Washington（DC）：National Acadenuies Press，2000.

［2］刘月兰．生物信息学数据库的设计与实现［D］．哈尔滨：黑龙江大学，2005.

［3］陈丹，刘月兰．生物信息学数据库系统的设计与应用研究［J］．北京工商大学学报（自然科学版），2006，24（6）：49−51.

［4］盛铭浩．生物信息学数据库及其利用方法［J］．军民两用技术与产品，2015（6）：234.

［5］胡德华，张洁，方平．生物信息学数据库调查分析及其利用研究［J］．生物信息学，2005（1）：22−25.

［6］万跃华，何立民．生物信息学数据库资源建设［J］．现代图书情报技术，2002（S1）：13.

［7］孟双，徐冲，陈丽媛，等．生物信息学在生物学研究领域的应用［J］．微生物学杂志，2011，31（1）：78−81.

［8］陈铭．大数据时代的整合生物信息学［J］．生物信息学，2022，20（2）：75−83.

［9］杨敏．生物信息学与生物数据库辅助高中生物学教学的实践研究［D］．昆明：云南师范大学，2021.

［10］黄佳琪. 生物信息学序列比对算法分析［J］. 生物技术世界，2015（11）：279.

［11］冯贵兰，李正楠，周文刚. 大数据分析技术在网络领域中的研究综述［J］. 计算机科学，2019，46（6）：1-20.

第七章　生物信息学工具包

第一节　商业软件及应用指导

一、商业化软件

测序获得的下机数据即测序原始数据，需要进一步利用软件进行分析，质量较差的测序原始数据会导致软件组装结果变差。因此在数据组装之前，要去除其中较短读长与测序质量较差的 reads，对测序原始数据进行质量控制，得到清洗后的数据，再完成拼接、比对及分析等。生物信息学分析流程较为烦琐，目前一些商业化的软件整合了测序中的常用功能，可为用户提供便捷的生物信息学分析服务。

（一）北京微未来

1. 种类

针对病原微生物高通量测序，北京微未来已有的自主知识产权软件系统包括：流感病毒分析软件 Microflu Analyzer®、M 新型冠状病毒全基因组分析软件 icronCoV Analyzer®、新型冠状病毒传播途径分析软件、未知病原高通量测序分析软件 MicroSpectrum Analyzer®、HIV 病毒耐药分析软件 Micro HIV Analyzer®、肠道病毒分析软件 Micro EV Analyzer®、耐药基因谱高通量测序分析软件 Micro ARG Analyzer®、沙门氏菌分子分型鉴定与血清型预测软件 Micro SMS Analyzer®、致病菌单菌基因组拼接和鉴定软件 Micro IBS Analyzer®等。北京微未来的测序软件在国内省级疾病控制预防机构覆盖度目前位居前列。

2. 部分软件特点与操作界面

（1）流感病毒分析软件 Microflu Analyzer®。

流感病毒分析软件的界面展示如图 7－1 所示。

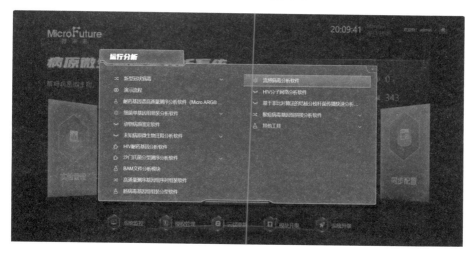

A. 软件模块选择页面

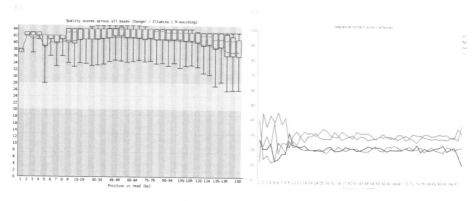

B. 质控结果展示页面

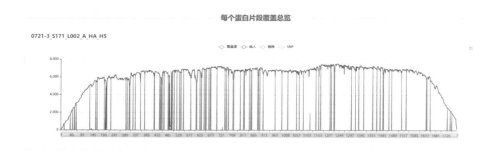

C. 流感序列测序覆盖度信息

D. 流感序列变异位点注释信息

图 7-1 流感病毒分析软件 Microflu Analyzer® 界面

高通量测序的下机数据可以直接导入服务器中,使用 Microflu Analyzer® 分析工具进行一键式分析,可以对流感病毒序列快速组装并进行变异注释。该软件的具体特点包括:具有图形化用户友好型的操作界面,无需专业生物信息学知识和命令行操作,从下机数据到结果报告仅需一键操作;自主知识产权的变异扩增防错技术;可视化的报告输出;多个样本的批量处理等。

(2)未知病原高通量测序分析软件 MicroSpectrum Analyzer®。

未知病原高通量测序分析软件的界面展示见图 7-2。

该软件同样具有图形化界面,操作者无需具备生物信息学背景即可对高通量测序的下机数据进行一键式处理，操作简单。该软件运行速度较快，数据库齐全，算法先进，可有效排除假阳性结果；同时软件内置排序、筛选、统计等功能。结果支持 CSV、图表导出和一致性序列构建导出等功能；可进行分类数据分析；兼容 Illumina、Nanopore 各个测序平台的下机数据分析；能够检测的病毒≥8000 种，细菌≥9000 种，真菌和支原体≥1000 种。

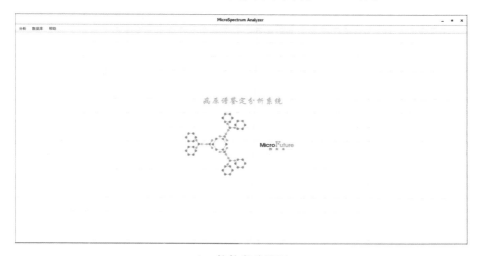

A.　软件启动界面

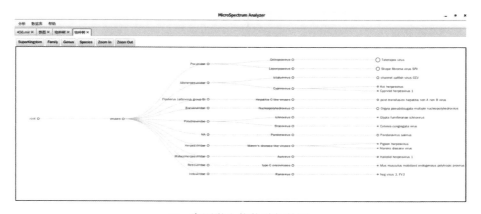

B.　病原微生物物种拓扑图

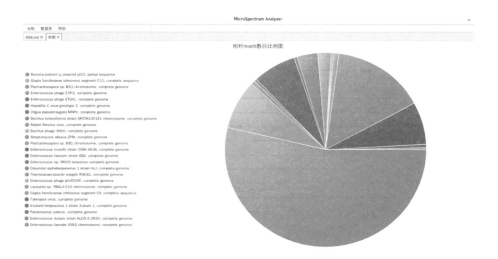

C. 病原微生物列表

D. 病原微生物序列统计图

图7-2 未知病原高通量测序分析软件 MicroSpectrum Analyzer® 界面

（3）新型冠状病毒全基因组分析软件 MicronCoV Analyzer®。

新型冠状病毒全基因组分析软件同样具有用户友好型的图形可视化界面，操作者无需具备生物信息学背景即可对高通量测序的下机数据进行一键式处理。该软件算法先进、精简，运行速度较快，具有新型冠状病毒基因组组装、分型和变异检测等诸多功能，能够兼容 Illumina、Nanopore 各个测序平台下机数据，并能够自动对测序数据进行质量控制。该软件可以自定义参考序列进行分析，如果下机数据过大，该软件还提供随机抽取 reads 功能，能有效地节约分析的时间成本。该软件的界面展示如图 7−3 所示。

A. 软件模块选择界面

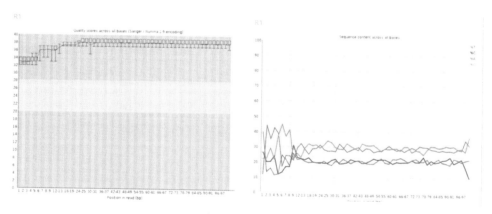

B. 数据质控结果展示

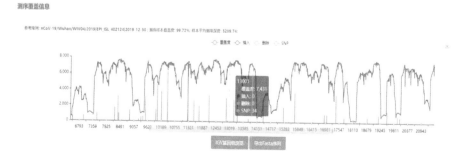

C. 测序覆盖度统计展示

核苷酸变异注释

变异位置	参考碱基:频率	变异碱基:频率	位点总深度	变异类别	变异效应	基因名称	核苷酸变化	氨基酸变化
2470	C:544	T:551	1102	synonymous_variant	低	ORF1ab	c.2205C>T	p.Ala735Ala
2790	C:1218	T:1667	2886	missense_variant	中	ORF1ab	c.2525C>T	p.Thr842Ile
3037	C:0	T:5768	5777	synonymous_variant	低	ORF1ab	c.2772C>T	p.Phe924Phe
4184	G:2403	A:2533	4941	missense_variant	中	ORF1ab	c.3919G>A	p.Gly1307Ser
4321	C:1272	T:1294	2575	synonymous_variant	低	ORF1ab	c.4056C>T	p.Ala1352Ala
9344	C:611	T:751	1367	missense_variant	中	ORF1ab	c.9079C>T	p.Leu3027Phe
9424	A:707	G:861	1570	synonymous_variant	低	ORF1ab	c.9159A>G	p.Val3053Val
9534	C:3652	T:4197	7857	missense_variant	中	ORF1ab	c.9269C>T	p.Thr3090Ile
10029	C:129	T:6196	6337	missense_variant	中	ORF1ab	c.9764C>T	p.Thr3255Ile
10198	C:5379	T:7246	12634	synonymous_variant	低	ORF1ab	c.9933C>T	p.Asp3311Asp
12160	G:5170	A:5327	10521	synonymous_variant	低	ORF1ab	c.11895G>A	p.Glu3965Glu

D. 核苷酸变异注释结果展示

E. 污水测序分析结果展示

图 7－3　新型冠状病毒全基因组分析软件 MicronCoV Analyzer® 界面

（4）新型冠状病毒传播途径分析软件。

新型冠状病毒传播途径分析软件是一个根据新型冠状病毒序列特征来分析其传播途径的软件，基于新型冠状病毒的 Fasta 序列，能够快速检测序列中存在的核苷酸变异及相对应的氨基酸变异，根据变异信息，对单次暴发疫情的新型冠病毒进行传播途径分析。具体功能：能进行多样本序列间的核苷酸和氨基酸变异的比对分析，可自定义参考序列进行分析，预测样本间的传播关系。

新型冠状病毒传播途径分析软件的界面展示如图 7－4 所示。

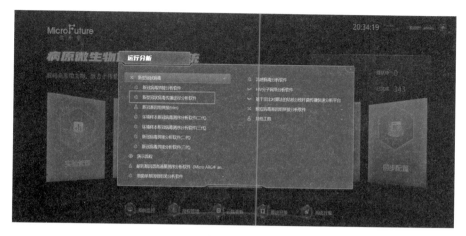

A.　软件选择页面

核苷酸变异比较

POS	44	241	670	1108	1122	2790	3037	4184	4321
20221122-2_S2_L001	--	C241T	T670G	C1108T	--	C2790T	C3037T	G4184A	C4321T
20221122-3_S3_L001	C44T	C241T	T670G	C1108T	--	C2790T	C3037T	G4184A	C4321T
20221122-4_S4_L001	--	C241T	T670G	C1108T		C2790T	C3037T	G4184A	C4321T
20221123-2-ZMR_S2_L001	--	C241T	T670G	C1108T		C2790T	C3037T	G4184A	C4321T
20221124-6-YYG_S9_L001	C44T	C241T	T670G	C1108T		C2790T	C3037T	G4184A	C4321T
20221124-7-LMJ_S10_L001	--	C241T	T670G	C1108T	C1122T	C2790T	C3037T	G4184A	C4321T

B.　样本核苷酸变异对比表

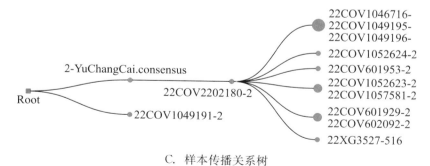

C.　样本传播关系树

图 7－4　新型冠状病毒传播途径分析软件界面

（5）其他分析软件。

北京微未来公司同时提供其他常见应用的一键快速分析软件，其部分结果如图 7－5 所示。

A. HIV 耐药位点预测

系统进化树

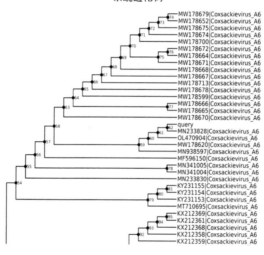

B. 肠道病毒进化树

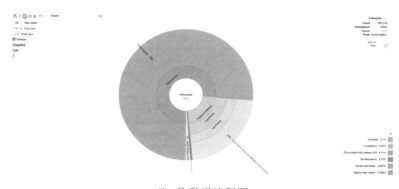

C. 物种谱注释图

图：毒力基因数据库注释结果

| 1_S1_L001 | ∨ | 查询样本 | 攻击性毒力因子分类统计 ∨ |

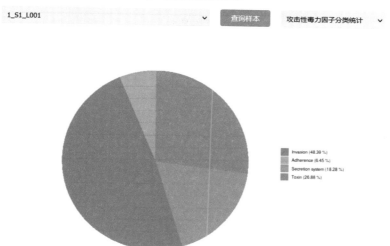

Invasion (48.39 %)
Adherence (6.45 %)
Secretion system (18.28 %)
Toxin (26.88 %)

D.（致病菌）毒力基因注释可视化展示

cgMLST分型报告

cgMLST分析结果 ⑦

样本名	分型Pattern号
FD16_S2_L001_R1_001	135343
FD1_S1_L001_R1_001	175905
SA10_S3_L001_R1_001	140937
SA10Y_S7_L001_R1_001	140937
SA11_S20_L001_R1_001	44902
SA12_S21_L001_R1_001	15801
SA13_S22_L001_R1_001	135793
SA17_S4_L001_R1_001	236305
SA17Y_S8_L001_R1_001	236305

E.（沙门）核心基因组分型表

耐药基因

耐药基因统计

▼(默认显示10条)

耐药基因名称	片段数量	identity	
CRP	1	100.00	resistance-nodulation-cell division (RND) antibiotic efflu
pmrF	1	100.00	pmr phosphoethanolamine transferase
tet(A)	2	100.00	major facilitator superfamily (MFS) antibiotic efflux pum
Escherichia coli mdfA	1	100.00	major facilitator superfamily (MFS) antibiotic efflux pum
sdiA	1	100.00	resistance-nodulation-cell division (RND) antibiotic efflu
TEM-1	1	100.00	TEM beta-lactamase
mdtK	1	100.00	multidrug and toxic compound extrusion (MATE) transp
Escherichia coli ampC1 beta-lactamase	1	100.00	ampC-type beta-lactamase
cmlA1	1	100.00	major facilitator superfamily (MFS) antibiotic efflux pum
qacH	1	100.00	small multidrug resistance (SMR) antibiotic efflux pump

F.（沙门）耐药基因预测表

图 7-5 微未来其他分析软件结果展示

HIV 耐药分析软件（Micro HIV Analyzer®）是针对 HIV 全基因组二代测序结果进行解读的软件，具有基因组拼接和病毒分型及耐药性预测功能，可实现耐药位点和药物敏感性的一键快速分析。

肠道病毒分析软件（Micro EV Analyzer®）是针对肠道病毒的二代测序解读软件，具有基因组拼接和病毒分型功能，是肠道病毒微生物基因组一键智能分析系统。

耐药基因谱高通量测序分析软件（Micro ARG Analyzer®）主要是针对病原微生物可能存在的环境样本宏基因组测序数据的分析流程。该软件主要包含测序原始数据的质量评估与污染去除，短序列拼接成长序列，基于长序列的物种鉴定、丰度估计、病原识别，进而进行基因预测和注释，对代谢基因、抗性基因和毒力基因进行进一步的整理统计与注释等诸多功能。

致病菌单菌基因组拼接和鉴定软件是对分离培养菌株样本测序的数据进行一键智能分析的软件。

沙门菌分子分型鉴定与血清型预测软件是专门针对沙门菌而开发的软件。该软件利用沙门菌基因组多套核心基因集进行 cgMLST 分型，并预测沙门菌的血清型，同时能够对沙门菌基因组进行质量评估。

（二）杭州柏熠

1. 种类

针对病原微生物高通量测序，杭州柏熠已有的自主知识产权软件系统包括广谱微生物及耐药分析系统、新冠病毒全基因组分析系统、流感病毒全基因组分析系统、组装模块、溯源模块。

2. 部分软件特点与操作界面

（1）广谱微生物及耐药分析系统。

该软件所具有的特点：可检测≥40000 种物种信息条目，包括病毒、细菌、真菌、原虫和古细菌等；提供病原微生物检测结果相对丰度、桑基图、病原微生物致病统计结果；提供耐药元件进行耐药机制和耐药药物鉴定等，提供毒力分析、毒力元件鉴定。

广谱微生物及耐药分析系统界面见图 7-6。

图 7-6　广谱微生物及耐药分析系统界面（引自官网）

（2）新冠病毒全基因组分析系统。

该软件所具有的特点：提供新冠病毒基因组变异检测；提供新冠病毒全基因组覆盖度展示和组装序列；提供 Pangolin 分型和 WHO 分型，以及基于 Pangolin 分型后的地区分布分析；提供自定义多样本变异位点比较分析和进化树分析。

新冠病毒全基因组分析系统界面见图 7-7。

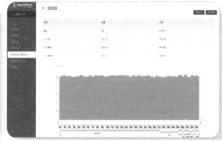

图 7-7　新冠病毒全基因组分析系统界面（引自官网）

（三）星升生物

1. 种类

针对病原微生物高通量测序，星升生物已有的自主知识产权软件系统包括未知病原微生物鉴定及序列分析、新型冠状病毒序列分析、肠道诺如病毒分子监测三个分析模块，登革热病毒分析模块、流感病毒分析模块正在编写当中，同时可根据用户需要进行相关功能拓展。

2. 部分软件特点与操作界面

高通量测序技术及序列分析方法已广泛应用于病原微生物检测、变异耐药分析及分子溯源。IPH-Nano 提供用户友好型界面，无需命令行和编程即可快速开展基于二代及三代测序数据的数据分析及可视化展示。

（1）未知病原微生物鉴定及序列分析。

IPH-Nano 未知病原微生物鉴定模块基于宏基因组数据库和 Nanopore 三代实时测序技术，开展快速（<12h）病例及其他相关样本中病原微生物鉴定及丰度分析，提供完善的病毒、细菌、真菌等病原微生物的鉴定、分析结果。

该软件所具有的特点：支持纳米孔全平台的测序数据，FAST5 文件、FASTQ 文件、混样、非混样的测序数据都兼容；支持所有二代测序数据，支持 PacBio 三代测序数据；可自动完成高通量测序数据的质控；支持从下机数据处理到获得鉴定结果全自动完成；具备定期更新的微生物分类数据库，自动对测序文件中的序列进行物种分类并输出报告；病原分类数据可视化，包括但不限于饼图、桑基图或其他形式。

未知病原微生物鉴定及序列分析界面见图 7-8。

图7-8　未知病原微生物鉴定及序列分析界面

（2）新型冠状病毒序列分析。

该软件所具有的特点：支持纳米孔全平台的测序数据，FAST5文件、FASTQ文件、混样、非混样的测序数据都可以分析；直观的新冠病毒全基因组覆盖度展示、生成完整的全基因组序列；提供变异位点信息；提供分子溯源分析；从下机数据处理到一致性序列构建、变异位点分析、分子溯源分析全自动完成。

新型冠状病毒序列分析界面见图7-9。

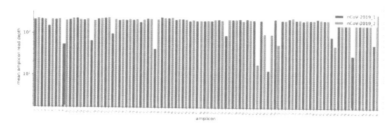

A.　测序深度与覆盖度

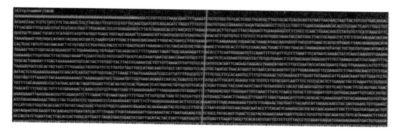

B.　一致性序列

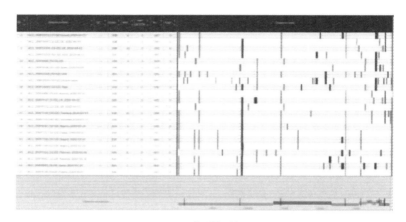

C. 序列概况

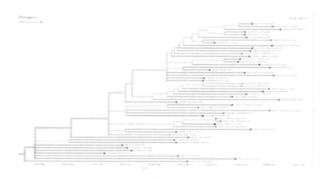

D. 进化分析

图 7-9 新型冠状病毒序列分析界面

二、应用指导

随着新冠病毒疫情进入后疫情时代，监测评估新冠疫情流行强度和特征，尤其是监测毒株组成和分布，及时发现新变异株，评估其传播力、致病力和免疫逃逸等生物学特征变化与风险，是当前的重要防控工作内容，如入境人员监测、污水监测、变异株监测等。新变异株的发现与识别，也为疫苗研制提供了重要支撑。

根据国家有关部门的文件的要求，以及上述实际防控工作中的重点，高通量测序是目前科学、严谨的技术依托，在传染病疫情防控中发挥重要作用。与传统检测方法相比，高通量测序技术具有以下优势：①不依赖于任何培养和核酸检测的限制，快速获得病原微生物的全基因组序列；②可以对病原微生物精准分型，可以找出耐药基因、毒力基因等信息；③可以对病原微生物从基因组上做进化同源性分析，从而对病原微生物精准溯源；④可以一次性给出所测样本中的所有病原微生物的信息，包括病原微生物的种类、基因组信息、每种病原的含量，适合于重大卫生应急事件中快速锁定致病源；⑤有效减少传统方法和核酸检测方法的假阴性和假阳性结果。

下面以新型冠状病毒为例，介绍一些常见商业化商品在高通量测序中的应用情况，包括 NGS 与 TGS 技术。

（一）SARS‐CoV‐2 基因组的富集方法

基于多重 PCR 策略的 SARS‐CoV‐2 基因组富集方法比较常见，国内外团队已经开发了各种商品化的 SARS‐CoV‐2 基因组富集试剂盒可供使用。由于病毒的不断变异，开发者应及时更新引物组以尽量避免脱靶，使用者也可以结合不同的富集方案以降低脱靶的可能性。

（二）高通量测序文库制备方法

高通量测序文库的制备遵循一般的原则，不同的 HTS 平台有自己独特的建库策略（图 7－10A），同平台不同型号的测序仪可能采用不同的建库流程。

1. Illumina

目前常用 Nextera XT DNA Library Prep 建库试剂盒，包括 4 个步骤：DNA 片段化、文库扩增（加接头）、纯化文库和文库均一化（图 7－10B）。

2. 华大 MGI

华大 MGI 建库通常包括 3 个步骤，分别是：DNA 片段化及产物纯化，接头连接及产物纯化，样本混合及 DNB 制备（图 7－10C）。

3. ONT

ONT 的快速 barcode 试剂盒允许同时混合最多 96 个样品在一张芯片上测序。建库包括 3 个步骤：连接快速 barcode，磁珠纯化，连接快速测序接头（图 7－10D）。

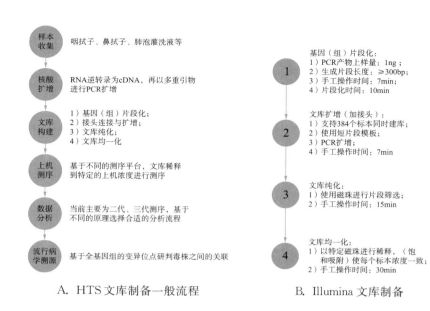

A. HTS 文库制备一般流程   B. Illumina 文库制备

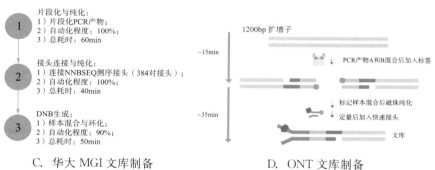

C. 华大 MGI 文库制备   D. ONT 文库制备

图 7-10　常见文库制备

4. 圣湘生物

目前常用圣湘 DNA 文库制备试剂盒和 Dual DNA Adapter 24 Kit，包括 3 个步骤：采用转座酶对 DNA 扩增子进行片段化并同时加上部分接头序列、文库扩增（加接头和条形码）、文库纯化及混合。

（三）文库质量控制方法

为了得到良好准确的测序结果，减少测序过程中出现异常，上机测序前的文库质控至关重要。精确定量的 NGS 文库能够保证将文库准确地加载到测序仪上，通过降低上样量过少或过多的误差，提高测序的准确性。通常采用的质量控制定量方法有：Qubit、毛细管电泳、荧光定量 PCR 和数字 PCR（表7－1）。

表7－1　高通量测序建库的质控方法

方法	原理与特点	目的
Qubit	非特异性结合双链 DNA，在特定波长下检测对应荧光，根据荧光强度进行样本浓度定量	对纯化 PCR 产物及文库的浓度质控
毛细管电泳	毛细管电泳的分辨率和灵敏度显著高于凝胶电泳，具有定量质控准确直观、自动化程度高、操作分析快速、上样量少（低至 0.1μL）、灵敏度高（1pg/μL～0.1ng/μL）等特点	对纯化 PCR 产物及文库的片段质控
荧光定量 PCR	荧光定量 PCR（qPCR）是指在 PCR 反应系统中加入荧光团，通过检测荧光信号积累实时监测整个 PCR 过程，最后通过标准曲线对未知模板进行定量分析的方法	对纯化 PCR 产物及文库的浓度质控
数字 PCR	通过将模板分子稀释并均匀分布（泊松分布）到无数独立的反应室中进行 PCR 扩增： （1）通过 PCR 终点信号"是"或"否"实现结果判定； （2）独立于标准曲线和参考样品的单分子绝对定量	对核酸产物进行绝对定量，获得精确浓度

（四）文库上机样本数和测序时间的参考值

为保证新冠病毒样本测序下机数据的准确性和足够的数据量，建议使用单端 100bp 以上或双端 75bp 以上测序试剂。SARS－CoV－2 全基因组测序的样本数量和测序时间见表7－2。

表7－2　SARS－CoV－2 全基因组测序的样本数量和测序时间

测序平台	测序配置(仪器/卡槽)	读长	测序时长	生成数据量	推荐样本量
Illumina	MiSeq V2	2×150bp	24hrs	4.5～5.1Gb	8～10 个
	MiSeq V3	2×75bp	21hrs	3.3～3.8Gb	6～7 个
	MiniSeq Mid	2×150bp	17hrs	2.1～2.4Gb	4～5 个
	MiniSeq High	2×150bp	24hrs	6.6～7.5Gb	15～20 个
		2×75bp	13hrs	3.3～3.75Gb	6～7 个
	Nextseq550 Mid	2×150bp	26hrs	32.5～39Gb	32～40 个
		2×75bp	15hrs	16.25～19.5Gb	18～24 个

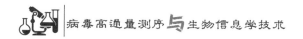

测序平台	测序配置(仪器/卡槽)	读长	测序时长	生成数据量	推荐样本量
Illumina	Nextseq550 High	2×75bp	18hrs	50~60Gb	72~84 个
	iseq	2×75bp	14hrs	600 Mb	1~2 个
		2×150bp	19hrs	1.2Gb	2~3 个
华大 MGI	MGISEQ—200(100M)	1×100bp	10hrs	10Gb	8~16 个
		2×100bp	20hrs	20Gb	
		2×150bp	28hrs	30Gb	
	MGISEQ—200(500M)	1×100bp	13hrs	50Gb	48~96 个
		2×100bp	26hrs	100Gb	
	MGISEQ—2000 (550M)	1×100bp	13hrs	55Gb	32~96 个
		2×100bp	26hrs	110Gb	
	DNBSEQ—E5	1×100bp	8hrs	0.5Gb	1~4 个
	DNBSEQ—T7	2×100bp	20~22hrs	1Tb/Flow Cell	192~384 个
圣湘	Sureseq1000 (60M)	1×50bp	9hrs	3~6Gb	9~18 个
		1×100bp	14hrs	6~12Gb	15~30 个
		2×75bp	21hrs	9~18Gb	18~36 个
	Sureseq1000(250M)	1×75bp	17hrs	18.75~37.5Gb	36~72 个
		2×75bp	28hrs	37.5~75Gb	72~144 个
ONT	MinION Mk1B/ MinION Mk1C	1200bp	1.5hrs	10~30Gb/ Flow Cell/ 72hr*	12 个
		1200bp	3hrs		24 个
		1200bp	6hrs		48 个
		1200bp	12hrs		96 个
	GridION	1200bp	1.5hrs	50~150Gb/ 5 Flow Cells/ 72hr*	60 个
		1200bp	3hrs		120 个
		1200bp	6hrs		240 个
		1200bp	12hrs		480 个

注：＊数据量为测序 72h 后获得。

（五）常用生物信息分析系统新冠病毒基因组 HTS 数据分析方法

1. CLC Genomics Workbench（CLC）

CLC 支持 Sanger、NGS 和 ONT 等多种测序平台来源的数据格式，具有强大的生信分析功能，并提供可扩展的模块以实现更专业和集成的功能。对于新冠病毒基因数据分析，可实施序列修剪长度、去除引物序列和宿主背景、变异位点分析、构建系统进化树等功能，也可通过自行编写工作流程（workflow）实现个性化分析的一键操作。

2. 华大 MGI metarget COVID

MGI metarget COVID 主要用于新冠病毒基因组组装、鉴别和分析变异，适配 MGI ATOPlex 多重 PCR 试剂盒和宏转录组测序试剂盒。支持下机数据的质控、新冠病毒变异位点的检测和注释、新冠病毒进化支系鉴定（如 Nextclade 和 Pangolin 分型）并且支持多样本批量处理（图 7−11A）。

3. 北京微未来 MicronCoV Analyzer

该软件可用于新冠病毒、流感病毒、HIV 等病原体的 HTS 数据分析，并支持 Illumina 和 ONT 等多种格式。支持下机数据直接导入服务器、自动化数据质量控制、基于变异扩增防错技术的全基因组组装、变异检测、变异注释、传播途径分析、支持多样本批量处理、依据 GISAID 数据库构建系统进化树并且支持线下或云端数据库的更新和软件维护（图 7−11B）。

4. ONT wf-artic

ONT wf-artic 流程是开源的，下机数据为根据 barcode 拆分后的 Fastq 文件，支持下机数据的质量控制、基于 ARTIC 流程的一致性序列组装、基因组变异分析、新冠病毒进化支系鉴定（如 Nextclade 和 Pangolin 分型）等功能，并支持多样本批量处理。wf-artic 可以在 GridION 仪器上直接使用，也可以通过 EPI2ME labs 的用户界面或在 linux 系统中通过单条命令运行使用（图 7−11C）。

5. 圣湘新冠病毒全基因组测序生信分析系统

用于分析新冠病毒基因组的生物信息学工具，支持 SureSeq 1000 和 Illumina 下机数据，其功能包括变异检测、变异注释、Nextclade 分型、测序仪直连服务器、网页端可视化报告输出，并且支持多样本批量处理（图7-11D）。

6. 广州医大器材 IPH-nano 病原微生物高通量测序分析系统

该软件包含多个模块用于新冠病毒、流感病毒、诺如病毒等病原微生物的HTS数据分析，支持全基因组组装、基于公共或本地数据库的分子溯源、基于分子钟进化树提供不同分支序列占比、实时数据分析、多样本批量处理、本地集成 Nextclade 和 Pangolin 分型系统。由于病毒数据库对于分子溯源的重要性，软件提供定时的新冠病毒序列数据库更新和推送，同时软件支持用户建立本地序列数据库用于溯源分析（图7-11E）。

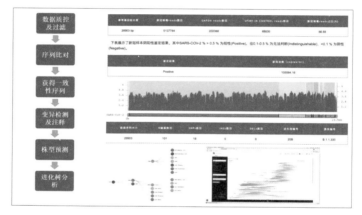

A. 华大智造 MGI metarget COVID 工作流程与使用界面

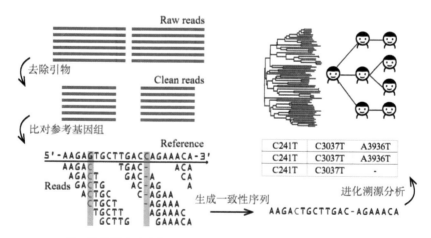

B. 北京微未来 MicronCoV Analyzer 工作流程与使用界面

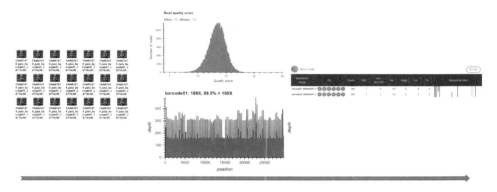

C. ONT wf-artic 工作流程与使用界面

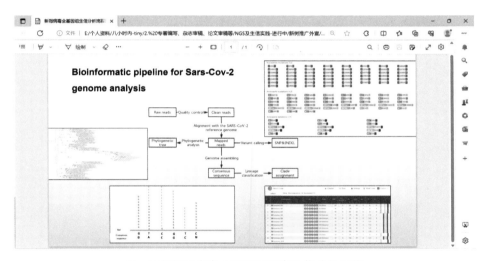

D. 圣湘新冠病毒全基因组测序生信分析系统

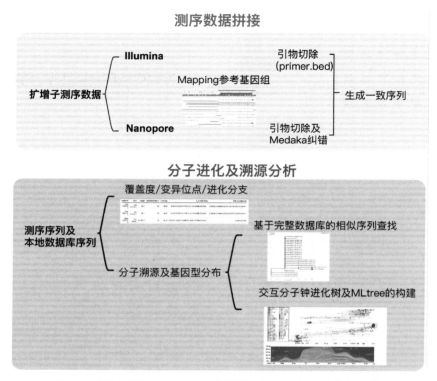

E. 广州医大器材 IPH-nano 病原微生物高通量测序分析系统

图 7-11 常用生物信息分析系统

第二节 在线分析网站（以新型冠状病毒为例）

近年来，随着分子生物学研究的不断深入，技术的不断发展，二、三代测序技术的不断成熟，利用基因组学技术开展区域性或全球性流行病的研究在世界范围内迅速普及。此外，生物信息学技术进展迅速，科学家可以通过基因同源性比对确定不同病毒株间的亲缘关系和传播过程，甚至可以通过"分子钟理论"推算出某种病毒的起源时间。SARS-CoV-2 在暴发期间的复制和传播导致其基因组积累了随机突变，这些突变可以用来分析病毒的传播进化特征，如单核苷酸多态性（SNP）和插入/缺失（insertion-deletion，indel），或利用另外的生物信息学方法，比如构建系统发育树，以及将明确的进化模型应用于系统发育评估，当这些方法与采样日期相结合时，可推断时间与分子进化的关系。根据病毒宏基因组的变异特征，分析病毒进化的特有变异位点、变异规律、传播模式等，为病毒溯源、确定病毒传播链等提供理论依据。随着 SARS-CoV-2 的持续传播、公开 SARS-CoV-2 序列的增加，科学家们对基因组序列的研究也越发深入。生物信息学领域的学者们利用公开基因组数据开发了相关 SARS-CoV-2 基因组网络分析平台，为序列的初步分析提供了极大的便利。此外，不同学者利用基因组序列的 SNP 及氨基酸变异对 SARS-CoV-2 进行了基因分型描述，尽管方法不尽相同，但为 SARS-CoV-2 的分子流行病学、变异变迁规律、毒力变化等方面的研究提供了一定的理论支持。下面对用于共享和分析 SARS-CoV-2 基因组序列的三个网络平台进行阐述。

一、全球共享流感数据库

在疫情暴发的早期阶段，研究人员从 5 名患者标本中测序获得了全长基因组序列。这些序列几乎相同，并且与 SARS CoV 具有 79.6% 的序列同源性。还有研究表明，SARS-CoV-2 在全基因组水平上与菊头蝠上分离的冠状病毒具有 96% 的同源性。这些早期序列都被科学家们第一时间共享到全球共享流感数据库（Global Initiative on Sharing All Influenza Data，GISAID，https://www.gisaid.org），为世界科学家们的研究工作提供了便利。GISAID 由多位顶尖科学家和诺贝尔奖获得者倡导成立，旨在促进所有流感病毒序列、与人类病毒有关的相关临床和流行病学数据、与禽和其他动物病毒有关的地理及物种特定数据等的共享，目的在于帮助研究人员了解病毒是如何进化、传播，甚至成为潜在的重大流行疾病的。虽然 GISAID 的初衷是关注"流感"，但目前已经把其他呼吸道传染疾病也纳入，其中包括 COVID-19。由于全球科学家们共享资源，GISAID 上的 SARS-CoV-2 基因组序列已经多达 14851512 条（截至 2023 年 2 月 5 日），为 SARS-CoV-2 的全球基因型分布、传播链、溯源等研究工作提供了重要的基因序列资源。研究人员可以免费获取这些序列，大大提高了研究速度。

此外，深圳国家基因库与 GISAID 达成战略性合作，成为 GISAID 的中国首个正式授权平台（https://db.cngb.org/gisaid/）。通过该平台可访问 SARS-CoV-2 基因组数据库，并且网站为中文版本，可以让国内的研究人员更加方便地阅读最新的信息（图 7-12）。

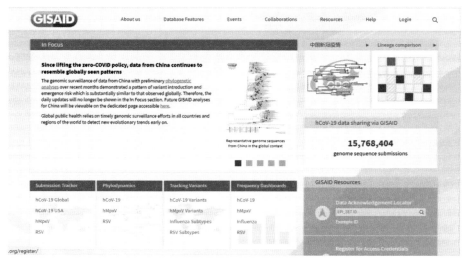

图 7-12 GISAID 网站主页面

二、Nextstrain（https：//nextstrain．org）

Nextstrain 是雅图弗雷德·哈钦森癌症研究中心的 Trevor Bedford 等病毒进化专家团队组织的一个项目，是目前全球通用的 SARS-CoV-2 序列信息可视化平台。Nextstrain 软件平台在过去几年逐步开发完善，曾应用于埃博拉、寨卡和季节性流感等疫情的基因组信息可视化，旨在让基因组流行病学在疫情期间尽快地发挥作用。2023 年该网站也在时刻更新 SARS-CoV-2 的传播信息，其使用来自 GISAID 数据库的序列，并随时更新、筛选 3000～5000 条代表序列进行实时的进化树在线生成和显示。平台会及时把共享的病毒序列下载到 Nextstrain 的后台，利用团队开发的 AUGUR 生物信息学工具包（https：//github．com/Nextstrain/augur）和 Auspice 软件系统（https：//Nextstrain．github．io/auspice/）跟踪序列的分子进化和基因组数据，并把结果可视化，显示 SARS-CoV-2 的基因组流行病学的最新信息，更新 SARS-CoV-2 的全球传播情况。Nextstrain．org 按照地理位置和采样时间直观地展示 SARS-CoV-2 的进化树、突变位点及个数，操作简单易懂，操作界面清晰美观，使用者还可选择不同的参数对进化分支进行颜色标记，显示 SARS-CoV-2 与 COVID-19 流行的进化关系。所有基因组结构和变化均使用原型株 Wuhan Hu 1/2019 作为参考（图 7-13）。此外，Nexstrain 团队还开发了可以用来分析 SARS-CoV-2 基因组序列变异位点等信息的在线工具

"Nextclade"（https://clades. nextstrain. org/）。该平台为开源平台，信息可以在 Github 上找到（https://github. com/nextstrain/nextclade）。操作者只需要上传序列的 Fasta 文件便可以获得序列变异信息。

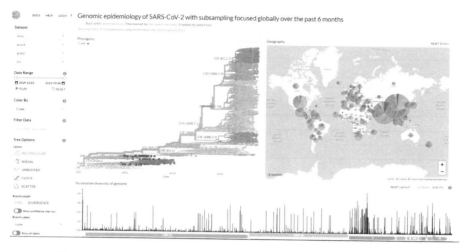

图 7－13　Nextstrain 网站全球 SARS－CoV－2 进化信息的可视化页面

三、CoV GLUE（http://cov glue. cvr. gla. ac. uk）

CoV GLUE 是一个 SARS－CoV－2 生物信息资源网站，由 MRC－格拉斯哥大学病毒研究中心完成开发和维护，其基于集成软件环境的 Web 应用程序"GLUE"开发并进行后续维护。CoV－GLUE 也是根据 GISAID 数据中所有 SARS－CoV－2 的序列，以原型株 Wuhan Hu 1/2019 作为参考，采集序列中观察到的氨基酸置换、插入和缺失，并进行实时数据更新和统计。CoV－GLUE 主要提供两大功能：其一，其允许用户浏览 SARS－CoV－2 宏基因组的氨基酸替换和编码区缺失或插入的数据；其二，允许用户将他们自己的 SARS－CoV－2 序列提交到网站以接收交互式报告的形式获取序列的变异信息，并在系统发育的背景下可视化。跟踪这些变化将有助于研究者更好地了解 SARS－CoV－2 大流行中氨基酸的变异情况，预测抗原位点变异等，有助于评价抗 SARS－CoV－2 药物和疫苗的有效性。因此，CoV－GLUE 平台为分析 SARS－CoV－2 基因组序列信息提供了极大的便利（图 7－14）。

图 7—14 CoV GLUE 主页面

（赵翔）

参考文献

［1］Zhou P，Yang X L，Wang X G，et al. A pneumonia outbreak associated with a new coronavirus of probable bat origin ［J］. Nature，2020，579 (7798)：270－273.

［2］Shu Y，McCauley J. GISAID：Global initiative on sharing all influenza data-from vision to reality ［J］. Euro Surveill，2017，22（13）：309494.

［3］刘传书. 国家基因库获正式授权　与国际组织共促流感数据共享 ［N］. 科技日报，2020-03-18（6）.

［4］Hadfield J，Megill C，Bell S M，et al. Nextstrain：real-time tracking of pathogen evolution ［J］. Bioinformatics，2018，34（23）：4122－4123.

［5］Singer J，Gifford R，Cotten M，et al. CoV GLUE A web application for tracking SARS-CoV-2 genomic variation ［J］. Preprints，2020，2020060225.